设备工程 BIM 应用

中国建设教育协会　组织编写

中国建筑工业出版社

图书在版编目（CIP）数据

设备工程BIM应用／中国建设教育协会组织编写．—北京：中
国建筑工业出版社，2019.3
全国BIM应用技能考试培训教材
ISBN 978-7-112-23420-2

Ⅰ.①设…　Ⅱ.①中…　Ⅲ.①房屋建筑设备－建筑设计－计算
机辅助设计－应用软件－技术培训－教材　Ⅳ.①TU8-39

中国版本图书馆CIP数据核字（2019）第043542号

　　本书是《全国BIM应用技能考评大纲》配套考试培训用书，全书以具软件体操作介绍设备工程建模的基本方法，着重提高应试者BIM建模的实际操作能力。教材内容详实、实用，是全国BIM应用技能考试必备教材，可供给水排水、暖通空调、电气设备及相关专业人员参考学习使用。

责任编辑：李　慧　李　明
责任校对：李欣慰

全国 BIM 应用技能考试培训教材
设备工程 BIM 应用
中国建设教育协会　组织编写
*
中国建筑工业出版社出版、发行（北京海淀三里河路9号）
各地新华书店、建筑书店经销
北京建筑工业印刷厂制版
廊坊市海涛印刷有限公司印刷
*
开本：787×1092毫米　1/16　印张：12¼　字数：294千字
2019年4月第一版　2019年4月第一次印刷
定价：45.00元
ISBN 978-7-112-23420-2
（33719）

前　言

近年来，建筑信息模型（BIM）的发展和应用引起了工程建设业界的广泛关注。在《住房城乡建设部关于印发推进建筑信息模型应用指导意见的通知》（建质函 [2015]159 号）中指出到 2020 年末建筑行业甲级勘察、设计单位以及特级、一级房屋建筑工程施工企业应掌握并实现 BIM 与企业管理系统和其他信息技术的一体化集成应用。实现新立项项目勘察设计、施工、运营维护中，集成应用 BIM 的项目比率达到 90% 的要求。

中国建设教育协会本着更好地服务于社会的宗旨，适时开展全国 BIM 应用技能培训与考评工作。为了对该技能培训提供科学、规范的依据，组织了国内有关专家，编写了《设备工程 BIM 应用》一书。在编撰过程中，编写人员遵循《全国 BIM 应用技能考评大纲》中的原则，对 BIM 在设备工程设计流程组织与实践的整体描述以及对 BIM 设计中应用点的总结为设计企业的设计师与管理者提供了解决方案与操作指导。

本书以设备工程设计流程为主线进行讲述，知识点全面，通俗易懂，共分为 10 个章节，分别为机电设计 BIM 模型标准、给水排水系统创建、暖通空调系统创建、电气系统创建、基于 Revit 设计的协同方式、碰撞检查，管线综合优化、明细表应用、成果输出、族功能介绍及实例讲解、BIM 明细对运维的价值。本书由北京晶奥科技有限公司张贺、张磊工程师编，河北工业职业技术学院史瑞英副教授、宜时（北京）科技有限公司乔晓盼工程师参与了部分章节的编写并提出了许多建设性的意见。浙江谷雨时代技术部总监李晓猛主审。

本书可用作本科、高职院校建筑工程、建筑设计、设备工程及相关专业学生和专业技术人员参加 BIM 应用技能考试的必备用书。

在本书编写过程中，虽然经作者反复推敲核证，仍难免存在疏漏之处，恳请广大读者提出宝贵意见。

目　　录

第1章 机电设计 BIM 模型标准

1.1 机电各专业建模标准

在建模过程中，每位工程师对软件的使用习惯不尽相同、考虑的范围相对局限，造成模型难以进行有效协同或模型难以向下游传递。为此应制定统一的模型创建方法，不仅可以实现设计阶段的高效协同，也可以实现设计模型成果向下游延伸，实现模型的多次重复性应用。同时标准化的建模方法也可以使建模的速度和精度得到提升，达到事半功倍的效果。

机电建模标准包括以下几类：

1．几何构件族三维效果标准化

几何构件族三维效果标准化包含机电各系统模型的显示效果、系统颜色、管道材质、连接方式等。

2．几何构件二维表达标准化

几何构件二维表达标准化包含机电各专业各个构件在平面、立面、剖面等视图中二维的表达形式等。这是实现机电 BIM 模型直接导出符合规范的施工图的前提。

3．几何构件信息标准化

几何构件信息标准化包含机电各专业构件的命名、族类别、族参数等内容。模型是信息的载体，但信息是否标准，就决定这些信息是否为有效信息。信息的标准化是实现视图模型过滤、明细表统计、对接其他软件平台的重要依据。一般情况下，在对接下游应用软件或平台时，这些信息都会起到至关重要的作用。

4．模型创建规范化

模型创建规范化指的是在创建模型时，应考虑相应的设计规范要求，又要按照既定的工作模式进行。在进行模型创建前应做好模型拆分与模型协同。模型拆分是为了更好地实现模型协同。根据不同的项目和不同的团队特点，采用的模型拆分方式也不尽相同。模型拆分应符合清晰原则和可操作原则，考虑到参与设计的各个专业，并得到各专业的认可。

1.2 机电样板文件设置

样板文件设置目的

（1）满足设计成果交付的要求

目前国内设计成果都是以二维设计图纸进行交流，特别是施工图图纸是具有法律效益的设计文件，它必须符合当地的规范和要求，从表达形式上必须满足设计制图规范。

在 Revit 进行设计时，软件安装程序自带的样板文件不完全符合中国设计师的使用习惯和设计要求。每个项目都有各自的特性和特点，对样板文件的要求也就或多或少都会有些不同。通过修改样板文件可以满足使用要求。

（2）减少不必要的工作

在机电 BIM 设计中，例如管道类型、管道连接方式、管道连接件、管道附件、视图样板、明细表样板、出图样板等内容均可以根据项目情况在样板中提前设置，就可以避免在项目设计时重复这些工作。从而提高 BIM 设计质量和效率。

（3）设置标准的信息参数

Revit 模型包含较大量的参数信息，涵盖几何参数、项目参数、族构件参数、产品参数等等。通过样板文件的参数设置，可实现模型拓展应用。如工程量统计、施工信息添加。

1.3 机电样板设置内容

在 Reivt 软件中按使用方式可分为系统族、可载入族和内建族三种类型，系统族指的是软件自带的构件图元，用户可根据项目需要，自行修改图元的属性参数，无法另存为一个族（.rfa）文件。

1.3.1 项目设置

1. 项目信息设置

单击功能区中"管理""项目信息"，弹出"项目属性"对话框，用户可在"项目属性"对话框中输入相应的项目参数属性。如图 1-1 所示。

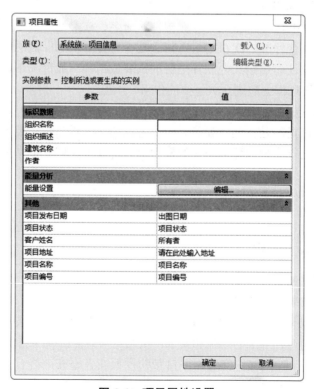

图 1-1 项目属性设置

在"项目属性"对话框的"标识数据"组下的参数属于项目文件的一般参数描述。

单击"项目属性"对话框的"能量分析"右侧"编辑"按钮，弹出"能量设置"对话框，其中的参数设置会影响用于节能计算文件（.gbXML 格式文件）的数据。

在"项目属性"对话框的"其他"组下的参数可关联到图纸标题栏中。

2. 项目参数设置

项目参数是定义后添加到项目中的参数。项目参数仅用于当前项目，不可标记和导出。

单击功能区中"管理""项目参数"，在"项目参数"对话框中，用户可添加、修改、删除项目参数。如图 1-2 所示。

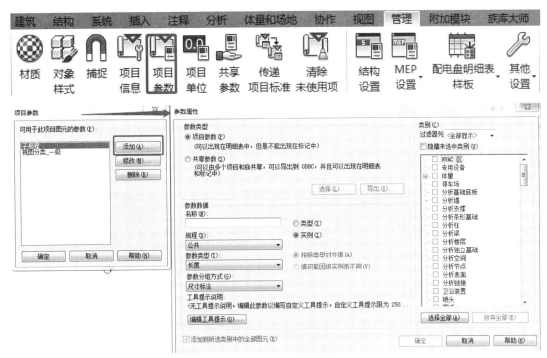

图 1-2 项目参数设置

单击"添加"或"修改"，在打开的"参数属性"对话框中进行编辑。

项目参数：可以出现在明细表中，但不能出现在标记中。

共享参数：可以由多个项目和族共享，可以导出明细表，用于标记、导出 ODBC 的外部文件（.txt 格式）。

名称：输入添加即可。

规程：确定项目参数的规程（分为公共、结构、HVAC、电气、管道、能量等）。

参数类型：指定参数的类型（根据参数值的单位、特性等进行选择）。

参数分组方式：指的是添加参数后，该参数划分至哪个组。

实例\类型：指的是项目参数属于"实例"或"类型"。

类别：指的是项目参数添加到哪个模型类别中（"实例"、"类型"不同，所显示的类别会有所区别）。

3．项目单位设置

用于显示指定度量单位的格式。项目单位的设置直接影响到图元标注、出图、数据导出等内容。

单击功能区中"管理""项目单位"，弹出"项目单位"对话框。"项目单位"对话框按照不同规程进行划分，分为"公共""结构""HVAC""电气""管道""能量"等。不同规程单位格式不同。用户可依据需要针对不同规程数据单位进行修改。如图 1-3 所示。

图 1-3　项目单位设置

1.3.2　项目浏览器设置

项目浏览器设置内容包括视图、图纸的归类整理。用户可以根据不同的属性、用途对项目浏览器中的视图和图纸进行组织、排序和过滤，便于用户在不同项目中设置自己的视图和图纸组织。如图 1-4 所示：右键单击"项目浏览器"中的"视图"→"浏览器组织"，打开"浏览器组织"对话框。

在打开的浏览器组织对话框中，用户可以选择"不在图纸上""专业""全部""类型\规程""阶段"等类型，也可以通过"复制"及"重命名"新建一个类型，单击"浏览器组织"对话框右侧"编辑"按钮，弹出"浏览器组织属性"对话框，用户可根据不同的过滤条件和成组排序方式进行设置。

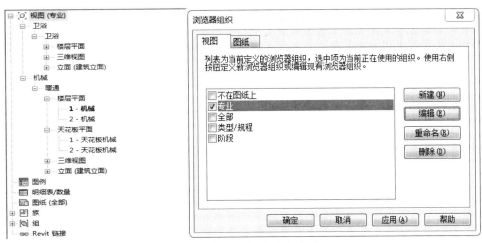

图1-4　打开"浏览器组织"

"过滤"选项：通过设置过滤条件确定所显示的视图和图纸。例如选择过滤条件为"子规程"和"族与类型"两个条件过滤出所显示的视图。如图1-5所示。

"成组和排序"选项：通过设置不同的成组条件、排序方式等自定义项目视图和图纸的组织结构。常规是按照"子规程""族与类型"，第三条不设定义。如图1-6所示。

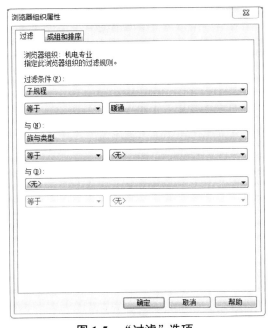

图1-5　"过滤"选项

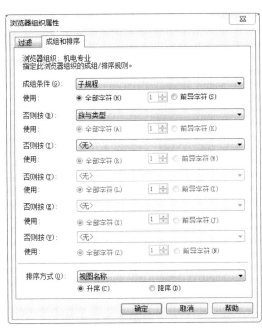

图1-6　"成组和排序"选项

备注：视图也是系统族，也具有属性参数。项目浏览器的过滤、成组和排序等功能就是根据不同视图的相同属性进行的。同理，用户可根据这一特性，自行为视图、图纸添加必要的参数，然后利用这些参数对项目浏览器结构重新整理。

为视图添加参数

视图也是系统族，也具有相应的属性参数。用户也可根据需求自行添加。添加方法如下：单击功能区中"管理"，然后单击"项目参数"，弹出项目参数对话框，点击右边"添加"按钮，弹出"属性参数"对话框，在上方选择"项目参数"，在下方输入参数名称，选择参数规程、参数类型、参数分组方式、选择实例参数，在右侧"类型"选项中，找到"视图"类别并勾选，两次单击"确定"按钮，如图 1-7，图 1-8 所示。

图 1-7　添加"项目参数"

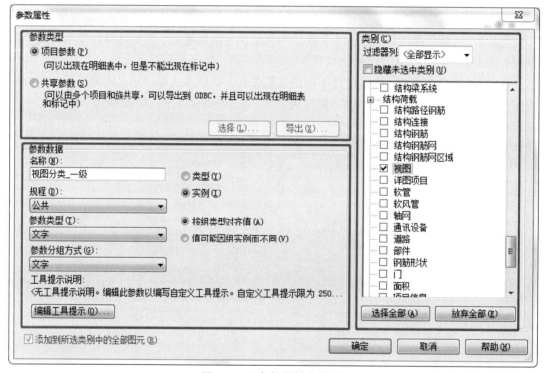

图 1-8　"参数属性"设置

此时视图实例属性中就会显示"视图分类_一级"的参数属性，如图 1-9 所示。随后可根据该视图用途为其添加相应的参数值，如"暖通"。同样方式可多次为视图添加参数，并对所有视图赋予参数值。待视图参数和参数值添加好后，可以按照浏览器组织的步骤重新组织、过滤视图（图纸的组织、过滤方法一致）。

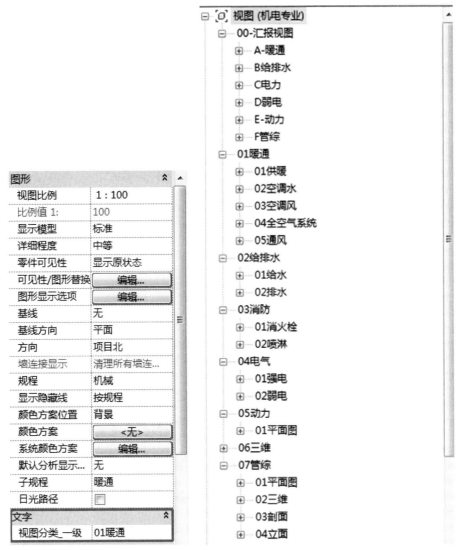

图 1-9　"视图分类 _ 一级"的参数属性

1.3.3　视图设置

在 Revit 中可根据出图以及视觉样式等线型显示不同，设置不同的二维线表达，打开"管理"面板中"其他设置""线宽"等命令设置不同的线型、线宽以及线型图案等功能。如图 1-10、图 1-11 所示。

图 1-10　"其他设置"选项

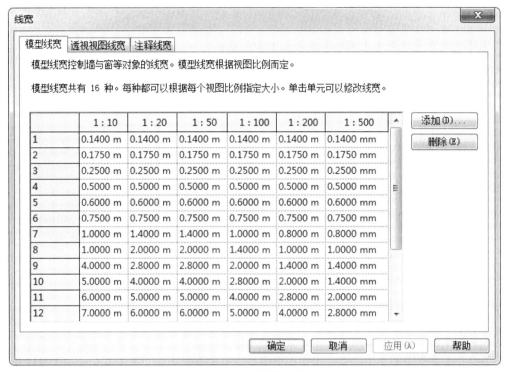

图 1-11　"线宽"设置

1.3.4　视图样板设置

视图样板设置可根据视图的不同用途、不同专业进行划分。如给水排水专业建模视图、给排水专业出图视图、机电管线综合视图等。

针对不同类别用途的视图要设置不同的视图样板。视图样板设置内容包括：视图比例、视觉样式、详细程度、视图范围、视图规程、视图可见性、过滤器等内容。

1.3.5　二维图元设置

在视图样板中根据不同类型的项目文件，Revit 不仅可以用三维形状而且也会有关于二维图元表达的方式。例如项目中的尺寸标注、图元属性标记、标高以及文字表达等都是作为 Revit 中二维图元的设置，如图 1-12 所示。

图 1-12　"二维图元"视图样板

第 2 章　给水排水系统创建

2.1　管道设置

2.1.1　管道系统设置

在"项目浏览器"的"族"中可找到"管道系统",单击"⊞"展开。Revit 软件自带了 11 种管道系统,包括:"其他""其他消防系统""卫生设备""家用冷水""家用热水""干式消防系统""循环供水""循环回水""湿式消防系统""通风孔""预作用消防系统",如图 2-1 所示。可根据项目需求复制新的系统,如需要冷冻水管(回)系统,需右键单击"循环回水",单击"复制",会出现"循环回水 2"系统,在"循环回水 2"系统上右击,重命名,然后输入"冷冻水管(回)",如图 2-2 所示。

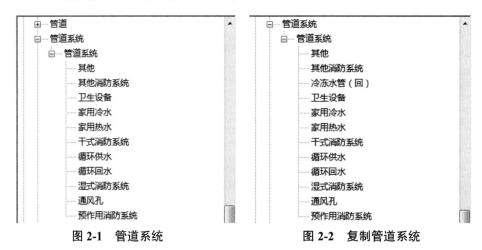

图 2-1　管道系统　　　　　图 2-2　复制管道系统

管道系统类型创建好后,需设置管道系统的类型属性,其中包括,"图形""材质和装饰""机械""标识数据""上升 / 下降符号"等内容,如图 2-3 所示。

(1)"图形"指的是该系统管道的中心线、边线的线宽、颜色、线样式等。

(2)"材质和装饰"指的是该系统管道的三维模型显示的颜色。

(3)"机械"指的是该系统管道的物理属性参数,主要为水力计算提供数据。

(4)"标识数据"指的是该系统管道的文字参数属性,最常用的是管道系统缩写。

(5)"上升 \ 下降符号"指的是该系统管道竖向管道在平面、立面、剖面的二维表现形式。

管道系统颜色设置

如果两种管道系统材质相同,考虑到材质属性也是 BIM 的重要数据,材质名称就是实际的材质,不建议按照"构件类别 + 材质名称"的形式进行命名,建议修改为通过过滤器控制管道的颜色实现不同系统的管道在"着色"模式下显示不同的模型颜色。

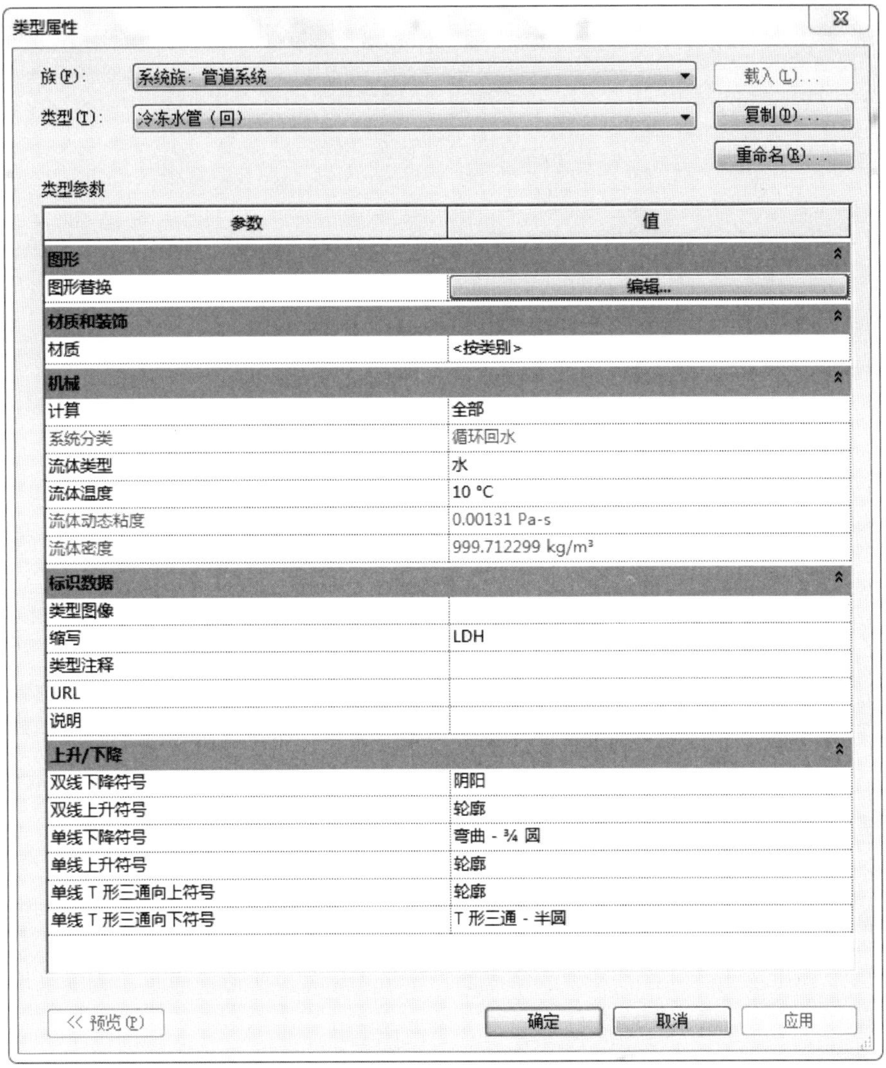

图 2-3　设置管道系统的类型属性

在管道系统的"类型属性"对话框中，单击"材质"选项后方的"⋯"按钮，弹出"材质浏览器"。在"材质浏览器"中新建材质，如图 2-4、图 2-5 所示。右键"重命名"，修改为"冷冻水管（回）系统材质"，在右侧面板中修改"图形""外观"。

为管道系统添加材质的方式，是管道颜色设置的通用方式。相比于为视图添加过滤器的方式，有以下优点和缺点：

优点：

（1）同一系统的管道，只需添加一次管道系统材质，项目文件所有视图中该系统管道的三维型显示颜色均统一，不用在每个视图中单独添加视图过滤器。

（2）将模型导出".nwc"格式文件，在 Navisworks 软件中打开，不会丢失管道颜色。

缺点：

在管道系统中还包含管道管件、管道附件、机械设备等其他构件，因为是为管道系统添加的材质，所以这些构件在所有视图中模型的颜色也和管道系统颜色保持一致。

图 2-4　打开"材质浏览器"

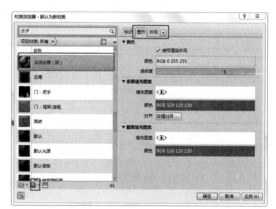

图 2-5　新建材质

2.1.2　管道类型设置

管道类型指的是软件自带的管道系统族，用户可编辑、复制、修改，删除管道族类型，但不可另存为".rfa"格式的族文件。

Revit 软件自带样板中仅含有一种管道类型，即"管道类型 - 标准"，我们可以根据项目需要复制、编辑多个管道类型。常规情况下管道类型设置包括了管道材质、管道内外径、壁厚、布管系统配置等内容。

单击功能面板中的"系统"，在"卫浴和管道"面板中选择"管道"命令，在属性面板中单击"编辑类型"，打开管道"类型属性"对话框。在此用户可以对管道类型进行复制、修改、重命名等操作。如图 2-6 所示。

单击"复制"命令，可以根据已有的管道类型创建新的管道类型。

在"类型参数"中，"管段和管件"下列了"布管系统配置"，单击右侧"编辑"命令，弹出"布管系统配置"对话框，用户可自行修改"管段和尺寸""弯头""三通"等管件配置。如图 2-7、图 2-8 所示。

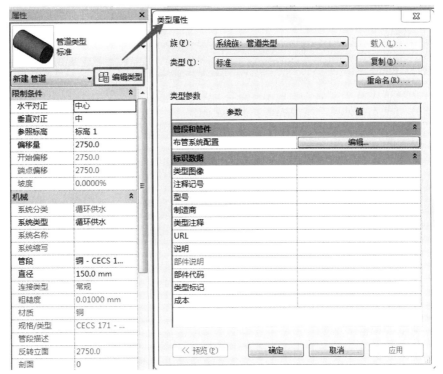

图 2-6　"管道类型属性"设置

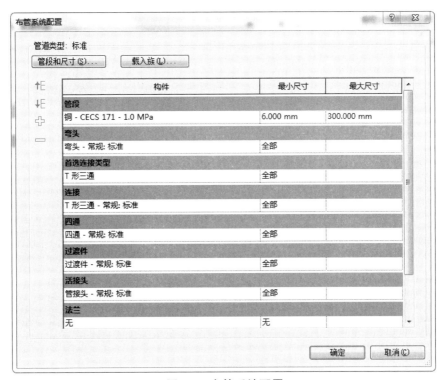

图 2-7　布管系统配置

图 2-8 机械设置

以 UPVC 承插管道类型为例，根据管道的材质、连接方式进行命名；管道的壁厚、内径、外径等参数需在"管段和尺寸"中进行设置；管道的布管系统配置依据相关规范要求，匹配标准管件。如图 2-9、图 2-10 所示。

依据设置好的管道类型绘制管道，会自动生成相应的弯头、三通、过度件、四通等构件。如图 2-11 所示。

除了设置管道的管段参数外，在 Revit MEP 中还能对管道中的流体参数进行设置，为管道的水利计算提供依据。在"机械设置"对话框中，单击左侧列表中"流体"，通过单击右侧面板可以新建或者删除流体，还能对不同温度下的流体进行"动态黏度"和"密度"设置，如图 2-12 所示。

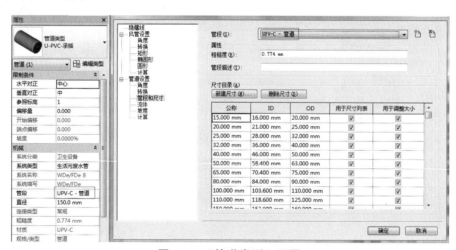

图 2-9   "管道类型"设置

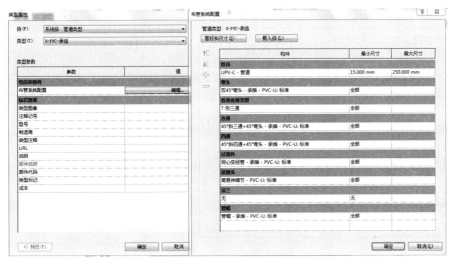

图 2-10　布管系统配置

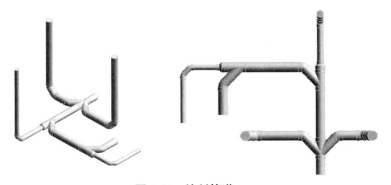

图 2-11　绘制管道

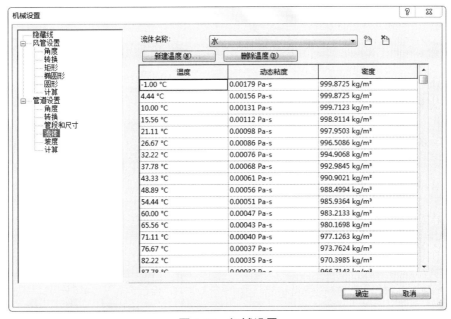

图 2-12　机械设置

2.2 管道绘制

上一节中介绍了管道系统和管道类型创建和修改，本节主要介绍管道占位符和管道的绘制，以及管道管件和管道附件的使用。

2.2.1 管道占位符

管道占位符用于管道的单线显示，不自动生成管件，但具有管道的系统属性、类型属性等相关参数信息。管道占位符可转换为管道，但管道不可转换为管道占位符。

在项目初期可以绘制管道占位符代替管道，以提高软件的运行效率。因为管道占位符具有管道直径属性，支持管道碰撞。不发生碰撞的管道占位符，转化为管道后同样也不会发生碰撞。

1．进入管道占位符的方式

（1）单击功能区"系统"→"管道占位符"，如图 2-13 所示。

图 2-13　选择"管道占位符"

（2）进入管道占位符绘制模式后，"修改 | 放置管道占位符"和"修改 | 防止管道占位符"选项栏同时激活，如图 2-14 所示。

图 2-14　修改管道占位符

2．手动绘制管道占位符

按照以下步骤手动绘制管道占位符：

选择管道占位符所代表的管道类型。在管道"属性"对话框中选择管道类型。

选择管道占位符所代表的管道尺寸。单击"修改 | 放置管道占位符"选项栏上的"直径"的下拉按钮，选择在"机械设置"中设定的管道尺寸。如果在直径下拉菜单中没有需要的尺寸，则需要在机械设置中添加管道直径。

制定管道占位符偏移。默认"偏移量"是管道占位符所代表的管道中心线相对于当前平面标高的距离。在"偏移量"选项中单击下拉按钮，可以选择项目中已经用到的管道偏移量，也可以直接输入自定义的偏移量数值。

指定管道占位符的放置方法。默认勾选"自动连接"，可以选择是否勾选"继承大小"、"继承高程"。注意，管道占位符代表的是管道中心线，所以在绘制时不能定义"对正"方式。

指定管道占位符的起点和终点。将鼠标移动至绘图区域，单击鼠标左键指定起点，移动至终点位置在此单击左键，完成一段管道占位符的绘制。可以继续移动鼠标绘制下一段管道占位符，绘制完成后，按"Esc"键或右键单击便捷菜单中的"取消"，退出管道占位符的绘制命令。

2.2.2　管道占位符与管道的转化

管道占位符可以转换为管道。选择需要转换的管道占位符，激活"修改 | 管道占位符"选项栏，可以对在管道的"属性"对话框中选择所需要转换的管道类型；通过单击"修改 | 管道占位符"选项栏上的"直径"的下拉按钮，选择管道尺寸，如果在下拉列表中没有需要的尺寸，可以在"机械设置"中添加。单击"转换占位符"命令，即可将管道占位符转换为管道，如图 2-15 所示。

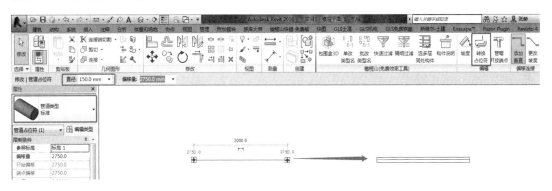

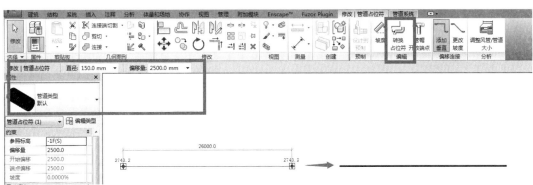

图 2-15　管道占位符转换为管道

2.2.3 管道绘制的基本操作

在平面视图、立面视图、剖面视图和三维视图中均可绘制管道。

进入管道绘制模式的方式有以下几种：

（1）单击"系统"选项卡→"卫浴和管道"→"管道"，如图 2-16 所示。

图 2-16 绘制管道

（2）选中绘图区已布置构件族的管道连接件，单击鼠标右键，在弹出的快捷菜单中选择"绘制管道"命令。

（3）直接键入 PI（管道快捷键）。

进入管道绘制模式，"修改 | 放置管道"选项卡和"修改 | 放置管道"选项栏被同时激活。按照以下步骤手动绘制管道。

（1）选择管道类型。在"属性"对话框中选择所需要绘制的管道类型，如图 2-17 所示。

图 2-17 选择管道类型

（2）选择管道尺寸。在"修改|放置管道"选项栏的"直径"下拉列表中，选择在"机械设置"中设定的管道尺寸，也可以直接输入欲绘制的管道尺寸，如果在下拉列表中没有

该尺寸，系统将从列表中自动选择和输入尺寸最接近的管道尺寸。

（3）指定管道偏移。默认"偏移量"是指管道中心线相对于当前平面标高的距离。重新定义管道"对正"方式后，"偏移量"指定的距离含义将发生变化。在"偏移量"下拉列表中可以选择项目中已经用到的管道偏移量，也可以直接输入自定义的偏移量数值，默认单位为毫米。

（4）指定管道起点和终点。将鼠标指针移至绘图区域，单击一点即可指定管道起点，移动至终点位置再次单击，这样即可完成一段管道的绘制。可以继续移动鼠标指针绘制下一管段，管道将根据管路布局自动添加在"类型属性"对话框中预设好的管件。绘制完成后，按 Esc 键，或者单击鼠标右键，在弹出的快捷菜单中选择"取消"命令，退出管道绘制。

1. 管道对齐

在平面视图和三维视图中绘制管道，可以通过"修改 | 放置管道"选项卡下"放置工具"中的"对正"按钮指定管道的对齐方式。打开"对正设置"对话框，如图 2-18 所示。

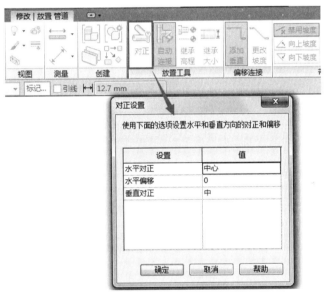

图 2-18 对正设置

（1）水平对正：用来指定当前视图下相邻两端管道之间水平对齐方式。"水平对正"方式有"中心""左"和"右"3 种形式。"水平对正"后的效果还与绘制管道方向有关，如果自左向右绘制管道，选择不同"水平对正"方式的绘制效果如图 2-19 所示。

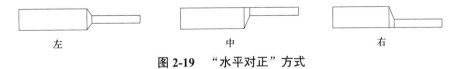

图 2-19 "水平对正"方式

（2）水平偏移：用于指定管道绘制起始点位置与实际管道绘制位置之间的偏移距离。该功能多用于指定管道和墙体等参考图元之间的水平偏移距离。比如，设置"水平偏移"值为 500mm 后，捕捉墙体中心线绘制宽度为 100mm 的管段，这样实际绘制位置是按照

"水平偏移"值偏移墙体中心线的位置。同时，该距离还与"水平对齐"方式及画管方向有关，如果自左向右绘制管道，3 种不同的水平对正方式下管道中心线到墙中心线的距离标注如图 2-20 所示。

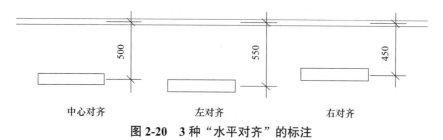

图 2-20　3 种"水平对齐"的标注

（3）垂直对正：用来指定当前视图下相邻两段管道之间垂直对齐方式。"垂直对正"方式有"中"、"底"、"顶"3 种形式。"垂直对正"的设置会影响"偏移量"，如图 2-21 所示。当默认偏移量为 100mm 时，公称管径为 100mm 的管道，设置不同的"垂直对正"方式，绘制完成后的管道偏移量（即管中心标高）会发生变化。

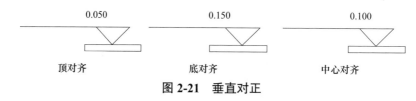

图 2-21　垂直对正

（4）编辑管道：管道绘制完成后，每个视图中都可以使用"对正"命令修改管道的对齐方式。选中需要修改的管段，单击功能区中的"对正"按钮，进入"对正编辑器"，根据需要选择相应的对齐方式和对齐方向，单击"完成"按钮，如图 2-22 所示。

图 2-22　编辑管道

2．自动连接

在"修改|放置管道"选项卡中的"自动连接"按钮用于某一段管道开始或结束时自动捕捉相交管道，并添加管件完成连接，如图 2-23 所示。默认情况下，这一选项是激活的。

图 2-23　添加管件

当激活"自动连接"时,如图 2-24 所示,在两管段相交位置自动生成四通;如果不激活,则不生成管件,如图 2-25 所示。

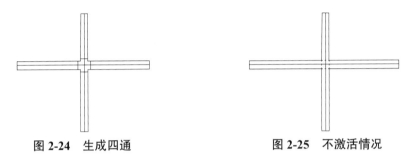

图 2-24　生成四通　　　　　　　　图 2-25　不激活情况

3．继承高程和大小

利用这两个功能,在绘制管道的时候可以自动继承捕捉到管道图元的高程、大小(直径)。

在默认情况下,这两个选项是不勾选状态,如果勾选"继承高程",新绘制的管道将继承预期相连接管道或设备连接件的高程;如果勾选"继承大小",新绘制的管道将继承与其连接的管道或设备连接件大小。

4．坡度设置

在 Revit MEP 中,可以在绘制管道的同时指定坡度,也可以在管道绘制结束后再对管道坡度进行编辑。不过常规情况下,会在绘制管道前设置好管道坡度。

(1)设置标准坡度

在"机械设置"对话空中,可以预先定义在项目中使用的管道坡度值,如图定义的坡度将出现在绘制管道时的"坡度值"下拉列表中,如图 2-26 所示。

图 2-26　设置坡度

（2）直接绘制坡度

在"修改 | 放置管道"选项卡→"带坡度管道"面板上可以直接指定管道坡度，如图 2-27 所示。

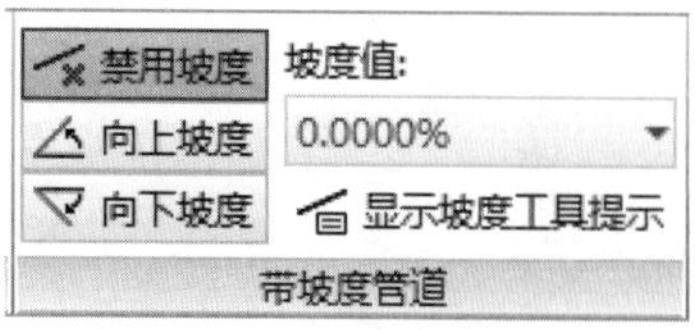

通过单击"向上坡度"按钮修改向上坡度数值，或单击"向下坡度"按钮修改向下坡度数值。

图 2-27　指定管道坡度

（3）编辑管道坡度

这里介绍两种编辑管道坡度的方法：

1）选中某管段，单击并修改其起点和终点标高来获得管道坡度，如图 2-28 所示。当管段上的坡度符号出现时，也可以单击该符号修改坡度值。

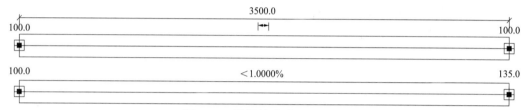

图 2-28　编辑管道坡度方法一

2）选中某管段，单击功能区中"修改 | 管道"选项卡中的"坡度"，激活"坡度编辑器"选项卡，如图 2-29 所示。在"坡度编辑器"选项栏中输入相应的坡度值，单击"坡度控制点"按钮可调整坡度方向。同样，如果输入负的坡度值，将反转当前选择的坡度方向。

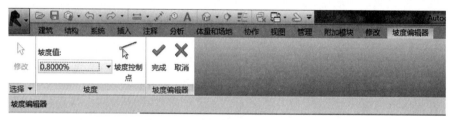

图 2-29　编辑管道坡度方法二

5．平行管道

平行管道命令是指根据已有的管道绘制出与之水平或垂直方向平行的管道。可通过拾取一根管道绘制多根与之平行的管道，如图 2-30 所示。

6．管件的放置

管道系统中包含大量的管件。下面我们介绍管件的创建。

在平面视图、立面视图、剖面视图和三维视图中都可以放置管件。放置管件的方式有两种，一种是手动添加，一种是绘制管道的时候自动生成。

图 2-30　平行管道绘制

（1）绘制管道时自动生成管件

在绘制管道过程中若想自动生成管件，需在管道的"类型属性"对话框中设置"布管系统配置"，指定管道默认生成的弯头、三通、过度件、四通、活接头、法兰、管帽等管件类型，并设置相应直径数值。如图 2-31 所示"标准"管道类型的布管系统配置，如图 2-32

所示自定义"UPV-C 承插"管道类型的布管系统配置。

图 2-31　"标准"管道类型的布管系统配置　　图 2-32　"UPV-C 承插"管道类型的布管系统配置

（2）手动添加

进入"修改 | 放置管件"模式，可采取以下模式放置管件：

单击功能区中"系统""管件"，如图 2-33 所示。

图 2-33　手动添加管件

在"项目浏览器"中，展开"族""管件"，直接拖拽"管件"下的相应类型到绘图区域。

7．管路附件设置

在平面视图、立面视图、剖面视图和三维视图中均可放置管路附件。

进入"修改 | 放置管路附件"模式的方式有以下几种：

（1）单击"系统"选项卡→"卫浴和管道"→"管路附件"，如图 2-34 所示。

（2）在项目浏览器中，展开"族"→"管路附件"，将"管路附件"下所需的族直接拖曳到绘图区域进行放置。

（3）直接键入 PA（管路附件快捷键）。当鼠标放到管道上方时，管道呈现出预选状态时，单击鼠标左键，管路附件会自动插入到管道中，如图 2-35 所示。

图 2-34　"管路附件"设置

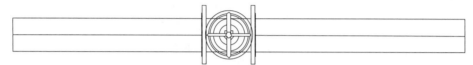

图 2-35　直接键入 PA

备注：若管道附件无法放置在管道上，就需要修改管道附件族。

8.软管绘制

在平面视图和三维视图中可绘制软管。

进入软管绘制模式的方式有以下几种：

（1）单击"系统"选项卡→"卫浴和管道"→"软管"，如图 2-36 所示。

图 2-36　软管绘制

（2）选中绘图区已布置构件族的管道连接架，单击鼠标右键，在弹出的快捷菜单中选择"绘制软管"命令。

（3）直接键入 FP（软管快捷键）。

进入软管绘制模式后，如图 2-37 所示。

图 2-37　快捷键

软管也具有管道类型属性和管件实例属性，用户可根据需要复制、编辑软管类型、设置软管的默认连接方式。如图 2-38 所示。

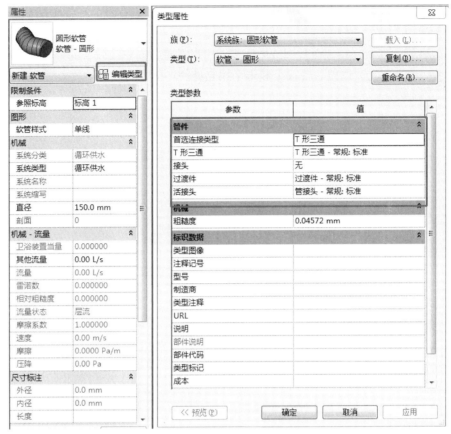

图 2-38　设置软管

按照以下步骤来绘制软管

（1）选择软管类型。在软管"属性"对话框中选择所需要绘制的软管类型。

（2）选择软管管径。在"修改 | 放置软管"选项栏的"直径"下拉列表中选择软管尺寸，或者直接输入我们需要的软管尺寸，如果在下拉列表中没有该尺寸，系统将输入与该尺寸最接近的软管尺寸。

（3）指定软管偏移。默认"偏移量"是指软管中心线相对于当前平面标高的距离。在"偏移量"下拉列表中可以选择项目中已经用到的软管偏移量，也可以直接输入自定义的偏移量数值，默认单位为毫米。

（4）指定软管起点和终点。在绘图区域中，单击指定软管的起点，沿着软管的路径在每个拐点单击鼠标，最后在软管终点按 Esc 键，或者单击鼠标右键，在弹出的快捷菜单中选择"取消"命令。如果软管的终点是连接到某一管道或某一设备的管道连接件，可以直接单击所要连接的连接件，以结束软管绘制。

（5）修改软管

在软管上拖曳两端连接件、顶点和切点，可以调整软管路径，如图 2-39 所示。

1）⊕：连接件，允许重新定位软管的端点。通过连接件可以将软管与另一构件的管道连接件连接起来，也可以断开与该管道连接件的连接。

2）—●—：顶点，允许修改软管的拐点。在软管上单击鼠标右键，在弹出的快捷菜单中选择"插入顶点"或"删除顶点"命令可插入或删除顶点。使用顶点可在平面视图中以水平方向修改软管的形状，在剖面视图或中面视图中以垂直方向修改软管的形状。

3）○：切点，允许调整软管首个和末个拐点处的连接方向。

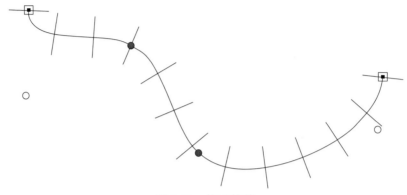

图 2-39　修改软管

9.　管道的隔热层

Revit MEP 可以表达管道、管件、管道附件隔热层，管道隔热层作为系统族存在。

添加管道隔热层步骤：

进入绘制管道模式后，单击"修改|管道"选项卡→"管道隔热层"→"添加隔热层"，输入隔热层的类型和所需要的厚度，将视觉样式设置为"线框"时，则可清晰地看到隔热层，如图 2-40、图 2-41 所示。

进入"修改|管道隔热层"选项卡，可以"编辑隔热层"或"删除隔热层"，如图 2-42 所示。

隔热层编辑

点击"编辑隔热层"，属性面板自动切换至隔热层属性。单击"类型属性"，弹出"类型属性对话框"如图，用户可在此对隔热层类型进行复制、重命名、修改材质等操作。

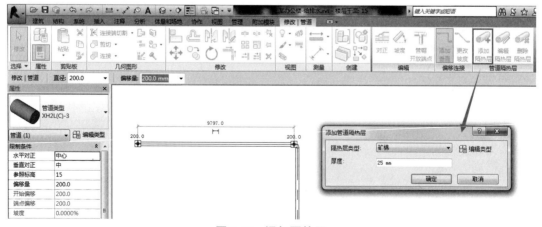

图 2-40　添加隔热层

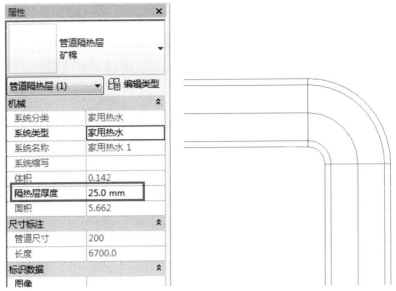

图 2-41　编辑和删除管道隔热层

图 2-42　修改隔热层

10.设备接管

设备的管道连接件可以连接管道和软管。连接管道和软管的方法类似，本节将以消火栓箱管道连接件连接管道为例，介绍设备接管的 3 种方法。

（1）单消火栓箱，用鼠标右键单击其管道连接件，在弹出的快捷菜单中选择"绘制管道"命令，或单击" ⚲ "按钮绘制管道，并与现有管道相连。如图 2-43 所示。

（2）直接绘制管道到相应的消火栓箱管道连接件上，管道将自动捕捉消火栓箱上的管道连接件，完成连接，如图 2-44 所示。

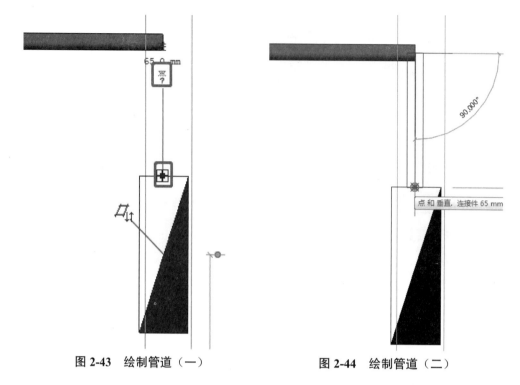

图 2-43　绘制管道（一）　　　　　　　图 2-44　绘制管道（二）

（3）单击消火栓箱，在功能区"布局"选项卡→"连接到"，为消火栓箱连接管道，可以便捷地完成设备连管，如图 2-45 所示。

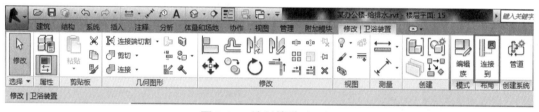

图 2-45　绘制管道（三）

将浴盆放置，并绘制欲连接的冷水管。选中浴盆，并单击"布局"选项卡→"连接到"。选择冷水连接件，单击已绘制的管道。至此，完成连管。

2.3　管道显示

在 Revit MEP 中，我们可以通过一些方式来控制管道的显示，以满足不同的设计和出图的要求。

2.3.1　视图属性

Revit MEP 视图有很多属性，在属性栏中包含四类，分别为"图形""范围""标识数据""阶段化"。这四类属性组中包含视图的很多参数，如图 2-46 所示。

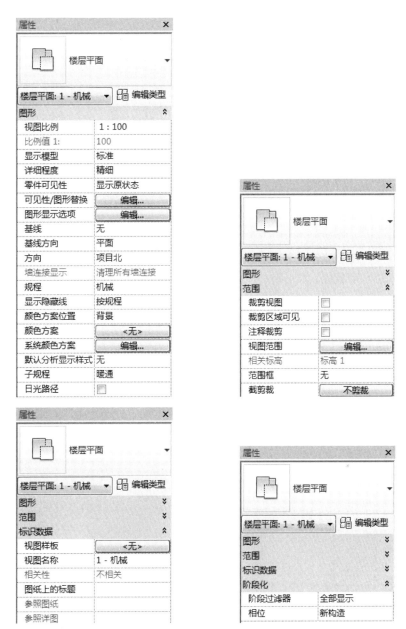

图 2-46　MEP 视图属性

1. 图形参数组

图形属性组中，常用修改管道显示的属性包括"显示模型""详细程度""可见性\图形替换""图形显示选项""基线""方向""规程""系统颜色方案"等。

（1）显示模型

显示模型分为三种，分别为"标准""半色调""不显示"。"标准"模式是常规管道显示样式；"半色调"模式下，模型边线、填充等色调下降显示；"不显示"模式下，当前视图中所有模型均不显示。

（2）详细程度

Revit MEP 有 3 种视图详细程度：粗略、中等和精细，如图 2-47 所示。

图 2-47 MEP 视图详细程度

在粗略和中等详细程度下，管道默认为单线显示，在精细视图下，管道默认为双线显示。在创建管件和管路附件等相关族的时候，应注意配合管道显示特性，使管件和管路附件在粗略和中等详细程度下单线显示，精细视图下双线显示，确保管路看起来协调一致。

（3）可见性/图形替换

单击"视图"选项卡→"图形"→"可见性/图形替换"，或者通过 VG 或 VV 快捷键打开当前视图的"可见性/图形替换"对话框。

（4）模型类别

在"模型类别"选项卡中可以设置管道可见性。既可以根据整个管道族类别来控制，也可以根据管道族的子类别来控制。可通过勾选来控制它的可见性。如图 2-48 所示，该设置表示管道族中的隔热层子类别不可见，其他子类别都可见。

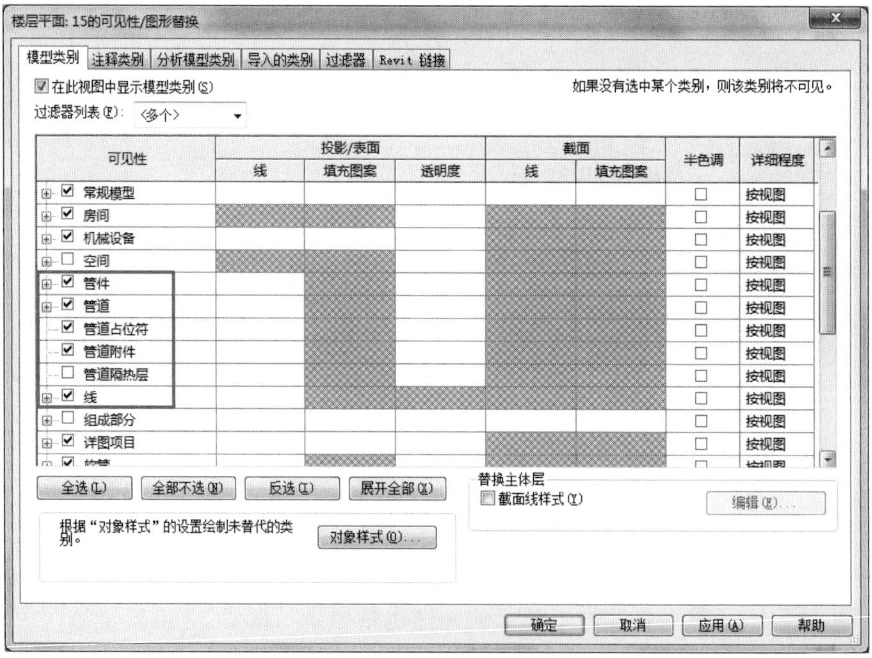

图 2-48 楼层平面

"模型类别"选项卡中的"详细程度"选项还可以控制管道族在当前视图显示的详细程度。默认情况下为"按视图"，遵守"粗略和中等管道单线显示，精细管道双线显示"的原则。也可以设置为"粗略""中等"或"精细"，这时管道的显示将不依据当前视图详细程度的变化而变化，而始终依据所选择的详细程度。

（5）过滤器

在 MEP 的视图中，如需要对于当前视图上的管道、管件和管路附件等依据某些原则进行隐藏或区别显示，可以通过"过滤器"功能来完成，如图 2-49 所示。

图 2-49　过滤器

单击"编辑/新建"按钮，打开"过滤器"对话框，如图 2-50 所示，"过滤器"的族类别可以选择一个或多个，同时可以勾选"隐藏未选中类别"复选框，"过滤条件"可以使用系统自带的参数，也可以使用创建项目参数或者共享参数。

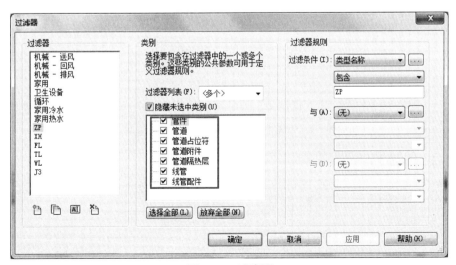

图 2-50　过滤器

（6）图形显示选项

图形显示选项主要是针对模型的实体显示进行设置。包括模型使用"图形显示选项"对话框中的设置来增强模型视图的视觉效果。

1）视图控制栏→视觉样式→图形显示选项

2）属性选项板（用于视图）→图形显示选项→编辑

3）视图选项卡→图形面板→对话框启动器

图形显示选项

表 2-1

模型显示	
样式	从预定义的视觉设置中选择，例如"线框"或"真实"来设置视图的视觉样式
显示边	对于某些视觉样式，选择此复选框以在视图中显示边缘上的线。清除该复选框以忽略这些边
使用反失真平滑线条	选中此复选框以提高视图中线的质量，使边显示更平滑
	若要在使用此选项时体验最佳性能，启用"选项"对话框中"图形"选项卡上的硬件加速
透明度	移动滑块将透明度级别设置为整个视图
轮廓	从用于创建侧轮廓的大量线样式中进行选择
阴影	
	选择"投射阴影"或"显示环境阴影"复选框以管理视图中的阴影
勾绘线	
启用勾绘线	选择该复选框以启用当前视图的勾绘线
	提示：若要改进视图中勾绘线的外观，启用"使用反失真平滑线条"
抖动	移动滑块或输入0和10之间的数字，以指示绘制线中的可变性程度
	值为0时，将导致直线不具有手绘图形样式。值为10时，将导致每个模型线都具有包含高波度的多个绘制线
延伸	移动滑块或输入0和10之间数字，以指示模型线端点延伸超越交点的距离
	值为0时，将导致线与交点相交。值为10时，将导致线延伸到交点的范围之外
照明	
方案	从室内和室外日光以及人造光组合中选择，如"室外：仅日光"或"室内：日光和人造光"
日光设置	从为重要日期和时间（如"夏至"或"秋分"）预定义的日光设置中进行选择
人造灯光	在"真实"视图中提供，当"方案"设置为人造光时，添加和编辑灯光组。在暗淡（0）和明亮（1）之间调整照明值
日光	移动滑块或输入0到100之间的值，以修改直接光的亮度
环境光	移动滑块或输入0到100之间的值，以修改漫射光的亮度
	选择此选项以模拟漫射（环境）光的阻挡。在着色视觉样式、立面、图纸和剖面中可用。在族编辑器或详图视图中不可用

模型显示	
阴影	移动滑块或输入 0 到 100 之间的值即可修改阴影的暗度。必须选择"投射阴影"才能启用此设置
摄影曝光	这些设置仅在使用"真实"视觉样式的视图中可用
曝光	设置曝光控制以自动或手动调整设置
值	根据需要在 0 和 21 之间移动滑块以调整颜色值。接近 0 的值会减少高光细节（曝光过度），接近 21 的值会减少阴影细节（曝光不足）
图像	调整高光、阴影强度、颜色饱和度及白点值
背景	这些设置可用于以下类型的视图：立面视图、剖面视图、等轴测视图和透视视图
背景	选择"无"、"天空"、"渐变色"或"图像"。"渐变色"会启用天空、地平线和地面的颜色
天空颜色	选择此选项可更改天空的 RGB 颜色
地平线颜色	选择此选项可更改地平线的 RGB 颜色
地面颜色	选择此选项可更改地面的 RGB 颜色
另存为视图样板	使用该选项可保存特定的"图形显示选项"设置，以备将来使用

（7）基线

对于使用基线的楼层平面和天花板投影平面，指定基线是否显示相应的楼层平面或天花板投影平面。例如，对于天花板投影平面，可以将相应的楼层平面显示为基线，辅助放置照明设备。如图 2-51 所示。

（8）方向

指定模型的地理位置（用于特定位置分析），并根据需要更改"项目北"和"正北"，调整方向设置。

指定地理位置

创建项目时，请使用街道地址、距离最近的主要城市或经纬度来定义地理位置。

将视图旋转到正北

您还可以旋转视图，以反映正北（而不是项目北，即视图顶部）。

旋转项目北

在平面视图中旋转整个模型，将其方向变为"项目北"（绘图区域的顶部）。

（9）规程

在 Revit MEP 中，软件提供了六种视图规程属性，分

图 2-51　基线设置

别包括"建筑""结构""机械""电气""卫浴""协调"。在绘制机电专业模型时，土建专业图元一般情况会半色调显示。最便捷的方式是修改视图"规程"属性为"机械"；若将视图规程修改为"建筑"或"结构"，则视图中不显示机电图元；若将视图规程修改为"协调"，则视图中所有模型正常显示。

（10）系统颜色方案

系统颜色方案与管道图例功能类似。在平面视图中，可以根据管道的某一参数对管道进行着色，帮助用户分析系统。

1）创建管道图例

单击"分析"选项卡→"颜色填充"→"管道图例"，如图 2-52 所示，将图例拖曳至绘图区域，单击鼠标确定放置绘制后，选择颜色方案，如"管道颜色填充—尺寸"，Revit MEP 将根据不同管道尺寸给当前视图中的管道配色。

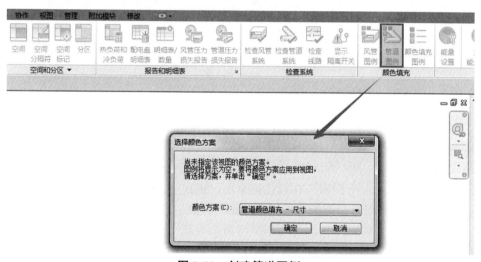

图 2-52　创建管道图例

2）编辑管道图例

选中已添加的管道图例，单击"修改 | 管道颜色填充图例"选项卡→"方案"→"编辑方案"，打开"编辑颜色方案"对话框，如图 2-53 所示。在"颜色"下拉列表中选择相应的参数，这些参数值都可以作为管道配色依据。

"编辑颜色方案"对话框右上角有"按值""按范围"和"编辑格式"选项，它们的意义分别如下。

1）按值：按照所选参数的数值来作为管道颜色方案条目。

2）按范围：对于所选参数设定一定的范围来作为颜色方案条目。

3）编辑格式：可以定义范围数值的单位。

如图 2-54 所示为添加好的管道图例，可根据图例颜色判断管道系统设计是否符合要求。

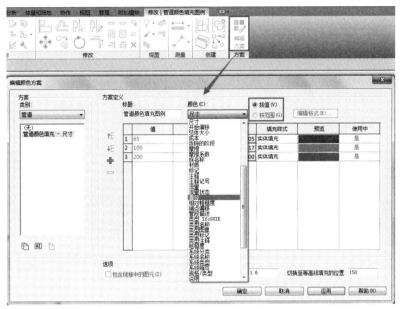

图 2-53　编辑管道图例

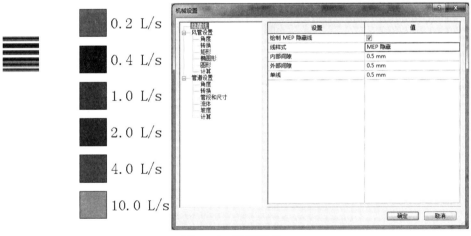

图 2-54　管道图例

2．范围参数组

视图属性中"范围"参数组中包括"裁剪视图""裁剪区域可见""注释裁剪""视图范围""相关标高""范围框""截剪裁"等属性。常用于控制视图的参数包括"裁剪视图""裁剪区域可见""注释裁剪""视图范围"等。以下对常用参数进行介绍。

裁剪视图

裁剪区域定义了项目视图的边界。勾选"裁剪视图"，视图中会出现矩形裁剪框。用户可拖动裁剪框进行修改范围，也可修改裁剪框形状，如图 2-55 所示。裁剪框内的模型可显示，裁剪框外部模型不可显示。

"裁剪框可见"指的是在视图中，可以看到裁剪框。

"注释裁剪"指的是针对视图中的二维注释族的裁剪。

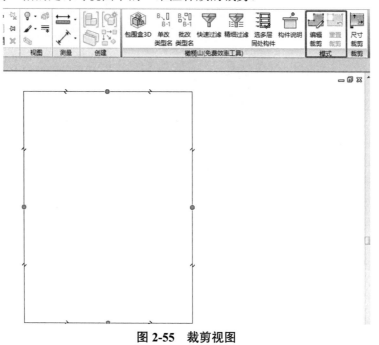

图 2-55　裁剪视图

视图范围

每个楼层平面和天花板平面视图都具有"视图范围"属性，该属性也可称为可见范围。视图范围是可以控制视图中对象的可见性和外观的一组水平平面。

在视图属性的"范围"参数组中，单击"视图范围"右侧的"编辑"按钮，弹出"视图范围"对话框。如图 2-56 所示。

图 2-56　视图范围

"视图范围"对话框中包含"主要范围"中的"顶""剖切面""底"和"视图深度"中的"标高"。

顶：设置主要范围的上边界的标高。根据标高和距此标高的偏移定义上边界。图元根据其对象样式的定义进行显示，高于偏移值的图元不显示。

剖切面：设置平面视图中图元的剖切高度，低于该剖切面的构件以投影显示，而与改剖切面相交的其他构件显示为截面。显示为截面的构件包括墙、屋顶、天花板、楼板和楼梯。剖切面不会截断构件。

底：设置主要范围下边界的标高。如果将其设置为"标高之下"，则必须制定"偏移量的值"，且必须将"视图深度"设置为低于该值的标高。

标高："视图深度"是主要范围之外的附件平面。可以设置视图深度的标高，以显示卫浴底裁剪平面下面的图元。默认情况下，该标高与底部重合。

3．标识数据参数组

标识数据参数组中主要影响管道显示的参数有"视图样板"。视图样板是一系列视图属性，例如，视图比例、规程、详细程度以及可见性设置。

使用视图样板可以为视图应用标准设置。使用视图样板可以帮助确保遵守标准，并实现施工图文档集的一致性。

在创建视图样板之前，请首先考虑如何使用视图。对于每种类型的视图（楼层平面、立面、剖面、三维视图等等），要使用哪些样式？例如，设计师可以使用许多样式的楼板平面视图，如电力和信号、分区、拆除、家具，然后进行放大。

您可以为每种样式创建视图样板来控制以下设置：类别的可见性／图形替代、视图比例、详细程度、图形显示选项等。

视图样板应用步骤

进入楼层平面的"属性"对话框，找到"视图样板"选项，如图 2-57（*a*）所示。

在各视图的"属性"对话框中指定"视图样板"。也可以在视图打印或导出之前，在项目浏览器的图纸名称上单击鼠标右键如图 2-57（*b*）所示，在弹出的快捷菜单中选择"应用样板属性"命令，进行对视图样板的设置。

（*a*）

图 2-57　视图样板应用步骤（一）

（b）

图 2-57　视图样板应用步骤（二）

【注意】可在项目浏览器中按 Ctrl 键多选视图，或先选择第一张视图名称，接着按住 Shift 键选择最后一张视图名称实现全选，然后单击鼠标右键，在弹出的快捷菜单中选择"应用样板属性"命令，可一次性布置所选图纸的视图样板。

2.3.2　机械设置

1. 隐藏线

除了上述控制管道的显示方法，这里介绍一下隐藏线的运用，打开"机械设置"对话框，如图 2-58 所示，左侧"隐藏线"是用于设置图元之间交叉、发生遮挡关系时的显示。

选择"隐藏线"，右侧面板中各参数的意义如下。

（1）绘制 MEP 隐藏线：绘制 MEP 隐藏线是指将按照"隐藏线"选项所指定的线样式和间隙来绘制管道。图 2-58（a）所示为不勾选的效果，图 2-58（b）所示为勾选的效果。

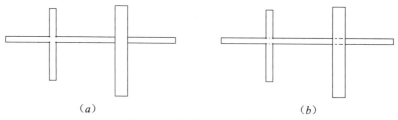

（a）　　　　　　　　　　　　　　　　　（b）

图 2-58　绘制 MEP 隐藏线

（2）线样式：指在勾选"绘制 MEP 隐藏线"情况下，遮挡线的样式。图 2-59（a）所示为"隐藏线"线样式的效果，图 2-59（b）所示为"MEP 隐藏"线样式的效果。

（3）内部间隙、外部间隙、单线：这 3 个选项用来控制在非"细线"模式下隐藏线的间隙，允许输入数值的范围为 0.0 ～ 19.1。"内部间隙"指定在交叉段内部出现的线的间隙。

"外部间隙"指定在交叉段外部出现的线的间隙。"内部间隙"和"外部间隙"控制双线管道 / 风管的显示。在管道 / 风管显示为单线的情况下，没有"内部间隙"这个概念，因此"单线"用来设置单线模式下的外部间隙。内部间隙、外部间隙、单线如图 2-60 所示。

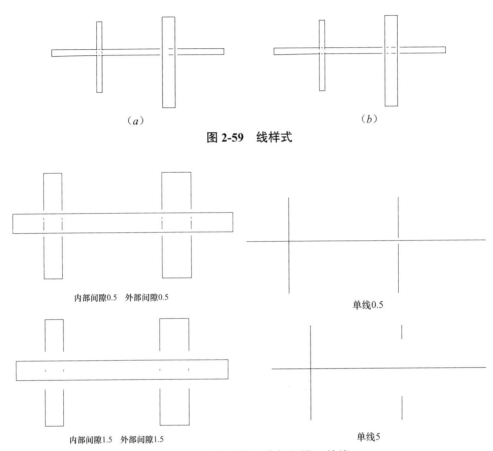

图 2-59　线样式

内部间隙0.5　外部间隙0.5

单线0.5

内部间隙1.5　外部间隙1.5

单线5

图 2-60　内部间隙、外部间隙、单线

2. 注释比例

在管件、管路附件、风管管件、风管附件、电缆桥架配件和线管配件这几类族的类型属性中都有"使用注释比例"这个设置，这一设置用来控制上述几类族在平面视图中的单线显示，如图 2-61 所示。

除此之外，在"机械设置"对话框中也能对项目中的"使用注释比例"进行设置，如图 2-62 所示。默认状态为勾选。如果取消勾选，则后续绘制的相关族将不再使用注释比例，但之前已经出现的相关族不会被更改。

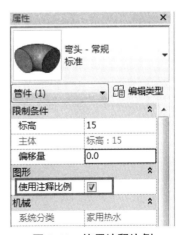

图 2-61　使用注释比例

图 2-62　机械设置

2.4　管道标注

管道的标注在设计过程中是不可或缺的。本节将介绍在 Revit MEP 中如何进行管道的各种标注，其中包括尺寸标注、编号标注、标高标注和坡度标注 4 类。

管道尺寸和管道编号是通过注释符号族来标注的，在平、立、剖中均可使用。而管道标高和坡度则是通过尺寸标注系统族来标注的，在平、立、剖和三维视图均可使用。

2.4.1　尺寸标注

1. 基本操作

Revit MEP 中自带的管道注释符号族"M_管道尺寸标记"可以用来进行管道尺寸标注，以下介绍两种方式。

（1）管道绘制的同时进行标注。进入绘制管道模式后，单击"修改 | 放置管道"选项卡→"标记"→"在放置时进行标记"，如图 2-63 所示。绘制出的管道将会自动完成管径标注，如图 2-64 所示。

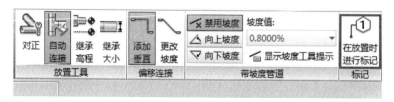

图 2-63　管道绘制并标注

（2）管道绘制后再进行管径标注。单击"注释"选项卡→"标记"面板下拉列表→"载入的标记"，如图 2-65 所示，就能查看到当前项目文件中加载的所有的标记族。某个族类别下排在第一位的标记族为默认的标记族。当单击"按类别标记"按钮后，Revit MEP 将默认使用"M_管道尺寸标记"，如图 2-65 所示。

图 2-64　管径标注

图 2-65　查看标记族

单击"注释"选项卡→"标记"→"按类别标记"，将鼠标指针移至视图窗口的管道上，如图 2-66 所示。上下移动鼠标可以选择标注出现在管道上方还是下方，确定注释位置单击完成标注。

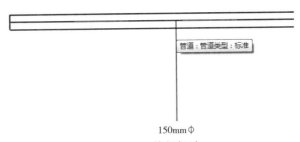

图 2-66　管径标注

2．标记修改

在 Revit MEP 中，为用户提供了以下功能方便修改标记，如图 2-67 所示。

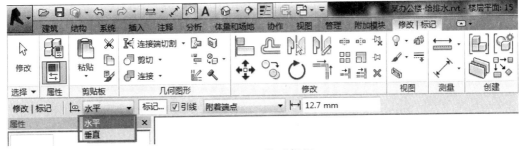

图 2-67　修改标记

（1）"水平"、"竖直"可以控制标记放置的方式。

（2）可以通过勾选"引线"复选框，确认引线是否可见。

（3）在勾选"引线"复选框即引线，可选择引线为"附着端点"或是"自由端点"。"附着端点"表示引线的一个端点固定在被标记图元上，"自由端点"表示引线两个端点都不固定，可进行调整。

2.4.2　尺寸注释符号族修改

因为在 Revit MEP 中自带的管道注释符号族"M_管道尺寸标记"和国内常用的管道标注有些许不同，我们可以按照以下步骤进行修改。

（1）在族编辑器中打开"M_管道尺寸标记 .rfa"。

（2）选中已设置的标签"尺寸"，在"修改标签"选项卡中单击"编辑标签"。

（3）删除已选标签参数"尺寸"。

（4）添加新的标签参数"直径"，并在"前缀"列中输入"DN"，如图 2-68 所示。

标签参数					
参数名称	空格	前缀	样例值	后缀	断开
1 直径	1	DN	直径		☐

图 2-68　添加参数"直径"

（5）将修改后的族重新加载到项目环境中。

（6）单击"管理"选项卡→"设置"→"项目单位"，选择"管道"规程下的"管道尺寸"，将"单位符号"设置为"无"。

（7）按照前面介绍的方法，进行管道尺寸标注，如图 2-69 所示。

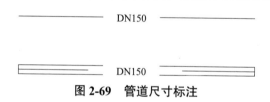

图 2-69　管道尺寸标注

2.4.3　标高标注

单击"注释"选项卡→"尺寸标注"→"高程点"来标注管道标高，如图 2-70 所示。

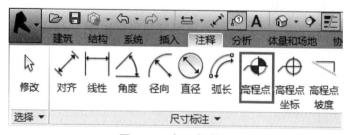

图 2-70　高程点选项

打开高程点族的"类型属性"对话框，在"类型"下拉列表中可以选择相应的高程点符号族，如图 2-71 所示。

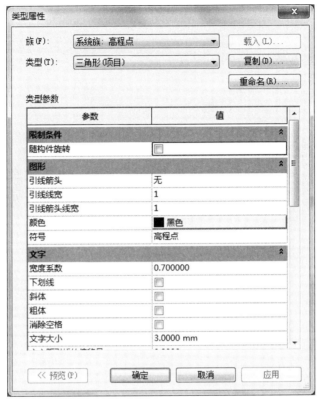

图 2-71　高程点族的"类型属性"

（1）引线箭头：可根据需要选择各种引线端点样式。

（2）符号：这里将出现所有高程点符号族，选择刚载入的新建族即可。

（3）文字与符号的偏移量：为默认情况下文字和"符号"左端点之间的距离，正值表明文字在"符号"左端点的左侧；负值则表明文字在"符号"左端点的右侧。

（4）文字位置：控制文字和引线的相对位置。

（5）高程指示器 / 顶部指示器 / 底部指示器：允许添加一些文字、字母等，用来提示出现的标高是顶部标高还是底部标高。

（6）作为前缀 / 后缀的高程指示器：确认添加的文字、字母等在标高中出现的形式是前缀还是后缀。

1．平面视图中管道标高

平面视图中的管道标高注释需在精细下模式下进行（在单线模式下不能进行标高标注）。一根直径为 100mm，偏移量为 2000mm 的管道的平面视图上的标高标注如图 2-72 所示。

从图 2-72 中可看出，标注管道两侧标高时，显示的是管中心标高 2.000m。标注管道中线标高时，默认显示的是管顶外侧标高 2.054m。单击管道属性查看可知，管道外径为 108mm，于是管顶外侧标高为 2.000+0.108/2=2.054m。

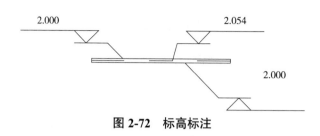

图 2-72　标高标注

有没有办法显示管底标高（管底外侧标高）呢？选中标高，调整"显示高程"即可。Revit MEP 中提供了 4 种选择："实际（选定）高程"、"顶部高程"、"底部高程"及"顶部和底部高程"。选择"顶部高程和底部高程"后，管顶和管底标高同时被显示出来，如图 2-73 所示。

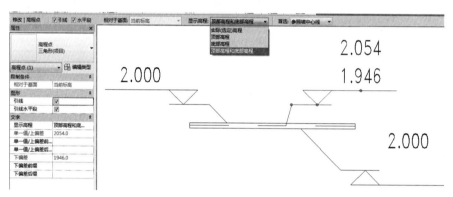

图 2-73　显示标高

2．立面视图中管道标高

立面视图管道标高和平面视图不同，立面视图中在管道单线即粗略、中等的视图情况下也可以进行标高标注，如图 2-74 所示，但此时仅能标注管道中心标高。而对于倾斜管道的管道标高，斜管上的标高值将随着鼠标指针在管道中心线上的移动而实时更新变化。如果在立面视图上标注管顶或者管底标高，则需要将鼠标指针移动到管道端部，捕捉端点，才能标注管顶或管底标高，如图 2-75 所示。

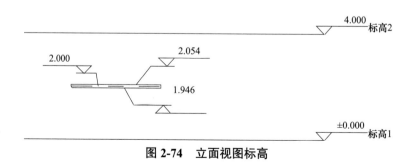

图 2-74　立面视图标高

在立面视图上也能够对管道截面进行管道中心、管顶和管底进行标注，如图 2-75 所示。

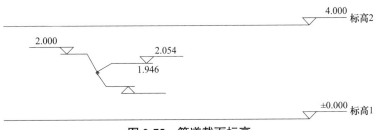

图 2-75　管道截面标高

当对管道截面进行管道标注时，为了方便捕捉，建议关闭"可见性／图形替换"对话框中管道的两个子类别"升""降"，如图 2-76 所示。

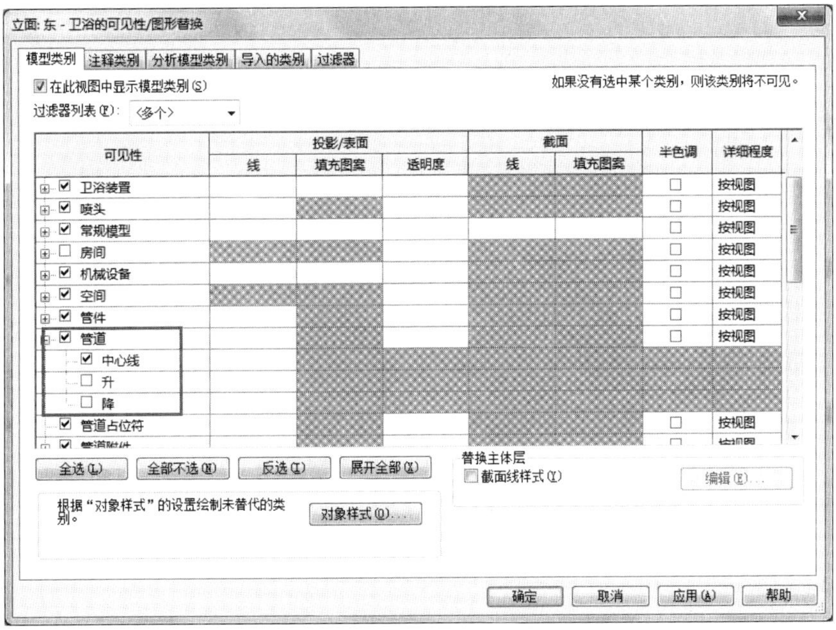

图 2-76　关闭"可见性／图形替换"

3. 剖面视图中管道标高

与立面视图中管道标高原则一致，这里不再赘述。

4. 三维视图中管道标高

在三维视图中，管道单线显示下，标注的为管道中心标高；双线显示下，标注的则为所捕捉的管道位置的实际标高。

2.4.4　坡度标注

在 Revit MEP 中，单击"注释"选项卡→"尺寸标注"→"高程点坡度"来标注管道坡度，如图 2-77 所示。

图 2-77　"高程点坡度"选项

进入"系统族：高程点坡度"可以看到控制坡度标注的一系列参数。高程点坡度标注与之前介绍的高程标注非常类似，就不一一赘述。需要修改的是"单位格式"，设置成管道标注时习惯的百分比格式，如图 2-78 所示。

图 2-78　修改单位格式

选中任一坡度标注，会出现"修改 | 高程点坡度"选项栏，如图 2-79 所示。

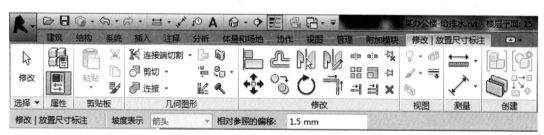

图 2-79　"修改 | 高程点坡度"选项栏

其中，"相对参照的偏移"表示坡度标注线和管道外侧的偏移距离。"坡度表示"选项仅在立面视图中可选，有"箭头"和"三角形"两种坡度表示方式，如图 2-80 所示。

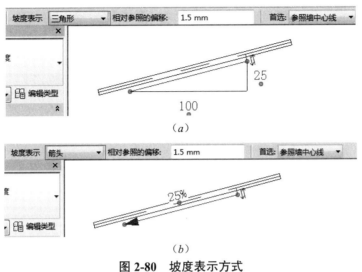

图 2-80　坡度表示方式

（*a*）"三角形"坡度；（*b*）"箭头"坡度

第3章　暖通空调系统创建

Revit MEP 为暖通设计提供快速准确的计算分析功能，内置的冷却负荷计算工具可以帮助用户进行能耗分析并生成负荷报告；风管系统和风管工具，用户可以根据不同算法确定干管、支管乃至整个系统的管道尺寸；检查工具及明细表，帮助用户自动计算压力和流量等信息，检查系统设计的合理性。

3.1　负荷计算

Revit MEP 内置的负荷计算工具算法是基于美国 ASHRAE 的负荷计算标准，采用热平衡法和辐射时间序列法进行负荷计算。该工具可以自动识别建筑模型信息，读取建筑构件的面积、体积等数据进行计算。

首先设置项目所处的地理位置、建筑类型和构造类型等信息。

1．地理位置

项目开始时，使用与项目距离最近的主要城市或项目所在地的经纬度来指定地理位置，根据地理位置确定气象数据，进行负荷计算。

在 Revit MEP 中可以编辑"地理位置"：

（1）单击功能区"管理""地点"，打开"位置、气候和场地"对话框，如图 3-1 所示。

图 3-1　编辑"地理位置"

（2）单击功能区"管理""项目信息""能量设置编辑""位置"。打开"位置、气候和场地"对话框，如图 3-2 所示。

"位置、气候和场地"对话框包含了"位置""天气""场地"三个选项卡，各选项卡的意义如下：

1）位置

定义项目所在地的位置。可以通过"定义位置依据"下拉菜单中，选择"默认城市列表"或"Internet 地图服务"两种方式来实现。

默认城市列表：在"城市"列表中选择项目所在地，例如选择"北京，中国"，系统将自动匹配北京的经纬度和时区，如图 3-3 所示。

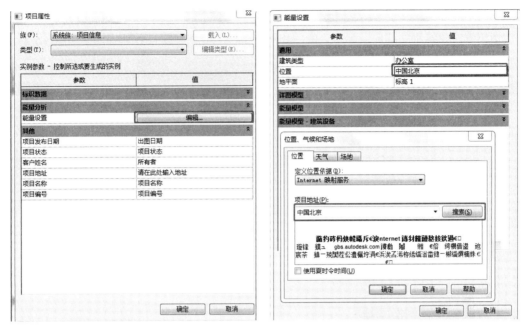

图 3-2　编辑"位置"　　　　　　　　　　图 3-3　自动匹配

2）天气

设置相应地点的气象参数，包含"制冷设计温度""加热设计温度""晴朗数"，如图制冷设计温度，夏季空气调节室外计算温度，包含逐月的干球湿度，湿球温度及平均日较差。如图 3-4 所示。

图 3-4　制冷设计温度

加热设计温度，冬季室外计算温度，类似于，采暖室外计算温度。

晴朗数：范围从 0 到 2，其中一表示平均晴朗数，0 和 2 是极限值，0 表示模糊度最高，2 表示透明度最高。根据 ARSHRAE 手册，晴朗干燥的气候对应的晴朗数大于 1.2，模糊潮湿的气候对应数值是 0.8，晴朗数的平均值是 1.0。晴朗数类似于《采暖通风与空气调节设计规范》中定义的"大气透明度等级"。

3）场地

用于确定建筑物的朝向及建筑之间的相对位置，一般由建筑设计师确定，如图 3-5 所示。

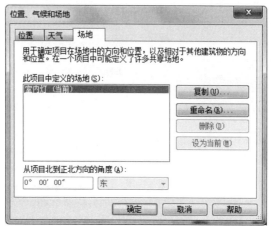

图 3-5　场地设置

2．建筑／空间类型设置

单击功能区"管理""MEP 设置""建筑／空间类型设置"，打开"建筑／空间类型设置"对话框，如图 3-6 所示。

图 3-6　打开"建筑／空间类型设置"

"建筑／空间类型设置"对话框中列出了不同建筑类型及空间类型的能量分析参数，如室内人员散热，照明设备的散热，即同时使用系数的参数等，默认参数值均参照美国 ASHRAE 手册。

（1）建筑类型

建筑类型指不同功能的建筑，如体育馆，办公室等，建筑类型的能量分析参数如下：

1）人均面积：单位面积的人数；

2）每人的湿热增量：空气温度变化，吸收或放出的热量；

3）每人的潜热增量：同空气中的水蒸气浓度变化有关的热量，例如，人体汗水蒸发吸收的热量，人员换气，带进来的空气含湿量；

4）照明负荷密度：每平方米灯光照明散热量；

5）电力负荷密度：每平方米设备的散热量；

6）正压送风系统光线分布：吊顶空间内吸收照明散热量的百分数；

7）占用率明细表：建筑或空间，需要制冷或加热的时间段；

8）照明明细表：建筑或空间照明开启到关闭的时间内，照明同时使用率；

9）店里明细表：建筑或空间照明开启到关闭的时间内，设备同时使用率；

10）开放时间：建筑开放时间点；

11）关闭时间：建筑关闭时间点；

12）未占用制冷设定点：非空调区域的温度设定点。

用户可以根据不同国家地区的规范标准及实际项目的设计要求，对各个能量分析参数进行调整，以确保负荷计算结果的正确性，如办公室，如果考虑室内设计温度是 26℃，需要将建筑类型中办公室的每个人显热增量，及没人的潜热增量调整为 57W 和 51W。

编辑"占用率明细表"或"照明明细表"或"电力明细表"时，打开相应的"明细表设置"对话框。例如，编辑"照明明细表"，单击 打开照明"明细表设置"对话框。在"明细表设置"对话框左侧列出了各种不同古建筑的照明使用时间段。单击"重命名"可以对已有的照明使用时间名称进行编辑。右侧图标显示相应照明使用时间下，照明在各时间段的使用率。用户可以根据实际情况，直接编辑各时间段的使用系数，如图 3-7 所示。

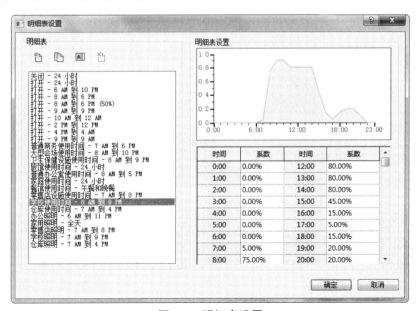

图 3-7　明细表设置

（2）空间类型

空间类型指不同功能的房间，例如大厅、办公室封闭、活动区体育馆等，如图3-8所示。空间类型不包括开放时间，关闭时间和未占用制冷设定点三个参数，其他参数与建筑类型对应的能量分析参数相同。

图 3-8　建筑/空间类型设置

3.2　空调

Revit MEP 通过为建筑模型定义"空间"属性，存储项目冷热负荷分析计算的相关参数。通过放置"空间"，自动获取建筑物中不同房间的信息：周长、面积、体积、朝向、门窗位置以及门窗面积等。通过设置"空间"属性，定义建筑物围护结构的传热系数、房间人员负荷等能耗分析系数。

3.2.1　空间放置

1．识别链接建筑模型中房间边界

选中链接的建筑模型，单击功能区中修改|RVT链接"类型属性"，在"类型属性"对话框中勾选"限制条件"下的"房间边界"。

2．空间放置

手动放置：单击功能区中"分析""空间"，将鼠标移动到建筑模型上，将自动捕捉房间边界，点击相应房间布置空间。

自动放置：单击功能区中"分析""空间"后，在"修改|放置空间"中单击"自动放置空间"命令，软件根据建筑分割为当前楼层平面自动放置"空间"，如图3-9所示。

图 3-9 空间放置

对于大空间，可以通过单击功能区中的"分析""空间分割符"，将一个大空间分割为两个或多个空间，如图 3-10 所示。

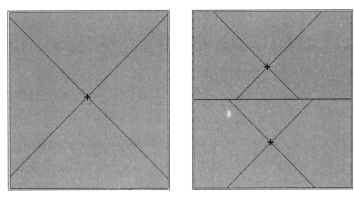

图 3-10 大空间分割

3. 空间可见性设置

在当前视图键入"VV"命令，打开当前视图的"可见性 | 图形替换"对话框，勾选"空间"选项下的"内墙"和"参照"，高亮显示当前楼层平面的"空间"，如图 3-11 所示。

图 3-11 空间可见性设置

4．空间标记

添加空间标记标注空间信息

（1）自动放置空间标记：无论手动布置空间或自动放置空间，只要选择"修改|空间标记""在放置时进行标记"，在布置空间时将自动为"空间"添加编号标记，如图3-12所示。

（2）手动放置空间标记：单击功能区"分析""空间标记"，逐个添加空间标记，如图3-13所示。

图 3-12 自动放置空间标记

图 3-13 手动放置空间标记

（3）编辑空间标记属性：单选某个"空间标记"或全选当前视图中的所有"空间标记"，单击功能区中"修改空间标记""属性"，可以编辑"空间标记"。在"实例属性"对话框中可以选择"空间标记"类型，如果选择"使用体积的空间标记"，"空间标记"将显示空间的名称和空间体积，在"修改空间标记"选项栏中，可以调整空间标记为水平显示或垂直显示，以及是否为标记添加引线。

空间放置完毕后，全选当前视图中所有的空间图源，如果空间放置存在问题，在功能区面板中将出现"显示相关警告"，单击"显示相关警告"，有问题的空间将高亮显示，并打开"消息"对话框。选中"警告 1"下的条目，视图中高亮显示对应的问题空间。

3.2.2 空间设置

空间设置完毕后需要对各个空间的能量分析参数进行设置，空间的容量分析，参数设置有两种途径，一是空间属性中进行设置，二是在空间明细表中进行设置。

1．空间属性

选中当前视图中某个空间，单击功能区的"属性"，在"实例属性"对话框中编辑"能量分析"的参数，如图3-14所示。

（1）分区：当前空间如果没有指定到某一分区，显示"默认"，否则显示该空间所在的分区的名称。

（2）正压送风系统：当非空调空间作为静压箱使用时，勾选此项，如吊顶空间等。

（3）占用：如果空间是空调系统，勾选"占用"，反之不勾选此项，如建筑中的竖井，墙槽或公共卫生间等。

（4）条件类型：确定热负荷和冷负荷的计算方式，如选择"加热"，只计算热负荷，选择"无条件的"则不计算负荷，如图3-15所示。

（5）空间类型：单击空间类型，打开"空间类型"对话框，如图3-16所示。

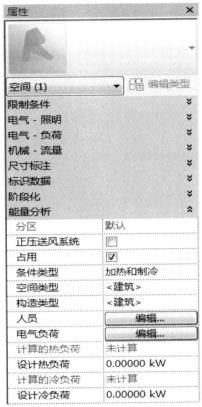

图 3-14　空间属性

图 3-15　确定条件类型

图 3-16　空间类型

选择某一"空间类型"后，按照当地的规范标准，设置相应能量分析参数，该对话框与本章3.1.1基本设置中介绍的"建筑\空间类型设置"对话框中的空间能量参数设置一致。如果在"建筑\空间类型设置"对话框中，已经设置相关，能量参数，这里只选择空间类型即可。如果在该对话框中更改某一类型的能量设置参数，"建筑\空间类型设置"对话框中相应空间的能量参数会同步更新。

（6）构造类型：定义建筑围护结构的传热性能，默认设置为"建筑"。

单击构造类型 ，打开"构造类型"对话框，单击"构造1"，通过左侧构造选项卡，为"构造1"指定围护结构类型，这些构造的热工参数将用于负荷计算，例如屋顶，内墙，外墙及天花板等导热系数，内装外窗及玻璃门等导热系数和太阳辐射的热力，内遮阳系数。用户在设计时，可以编辑原有的"构造1"，或者新建构造类型，通过"构造"选项卡，指定不同的建筑类型的材质，如图3-17所示。软件内置的建筑围护结构热工参数取自ASHRAE手册。

图 3-17　建筑构造

（7）人员：指定空间的人员负荷，单击"人员"中的编辑，打开"人员"对话框，如图3-18所示。

1）默认:人员负荷将按照本章3.1.1基本设置中，"建筑\空间类型设置"对话框中"空间类型"设置的人均面积，每人的潜热增量和湿热增量进行计算。

2）指定：只定义在"占用"下"人数"或"人均面积"，"每人的热增量"的"显热"和"潜热"。

（8）电气负荷：指定照明设备负荷，单机"电气负荷"中"编辑"，打开电气负荷对话框，如图3-19所示。

1）默认：电力和照明负荷将按照本章3.1.1，基本设置中"建筑\空间类型设置"对话框中"空间类型"设置的照明负荷密度，电力负荷密度和正压送风系统，光线分布进行计算。

2）指定：如果选择"指定"，可以自定义"照明""电力"的"负荷"或"负荷密度"。

3）实际：可以定义"对正压送风系统的贡献值"，"负荷"和"负荷密度"会自动获取当前项目中实际放置的照明，电力等信息数据进行计算。

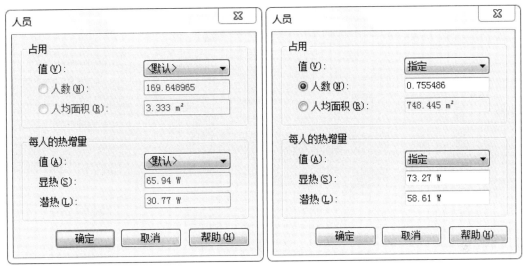

图 3-18　"人员"编辑

图 3-19　"电气负荷"编辑

（9）计算的热负荷和计算的冷负荷："计算的热负荷"和"计算的冷负荷"是使用 Revit MEP 内置的负荷计算工具，计算后得到的负荷值，在没有进行负荷计算前，这两项的值显示"未计算"。

（10）设计热负荷和设计冷负荷："设计热负荷"和"设计冷负荷"是用户自定义的预计算负荷值，进行负荷计算后，可以通过比较设计值和计算值对比设计进行修改，如果未定义"设计热负荷"和"设计冷负荷"，负荷计算后，这两项值将分别等于计算的热负荷和计算的冷负荷。

2．空间明细表

空间明细表，用于编辑、查看和统计空间信息。

单击功能区中的"分析""明细表数量"，在"类别"列表中选择"空间"，创建空间明细表，单击"确定"，编辑空间明细表属性，如图 3-20 所示。

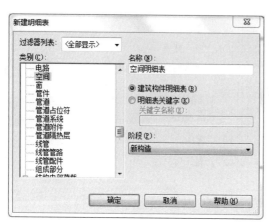

图 3-20　新建明细表

字段：将软件提供的"可用字段"中的"空间设置"相关的参数添加到"明细表字段"中，例如，添加编号、名称、空间类型等关联参数，通过"上移""下移"调整参数的前后位置，如图 3-21 所示。

图 3-21　字段设置

过滤器：通过设定过滤条件，只显示满足过滤条件的信息。例如，用"标高""等于""标高 1"，则明细表中仅显示标高 1 的相关参数，如图 3-22 所示。

图 3-22　过滤器设置

排序 / 成组：在"排序方式"中选择"标高"和"升序"，"空间明细表"将首先按照各层不同的"标高"升序排列；选择"面积"和"升序"，每层中的不同空间会按照空间面积升序排列，如图 3-23 所示。

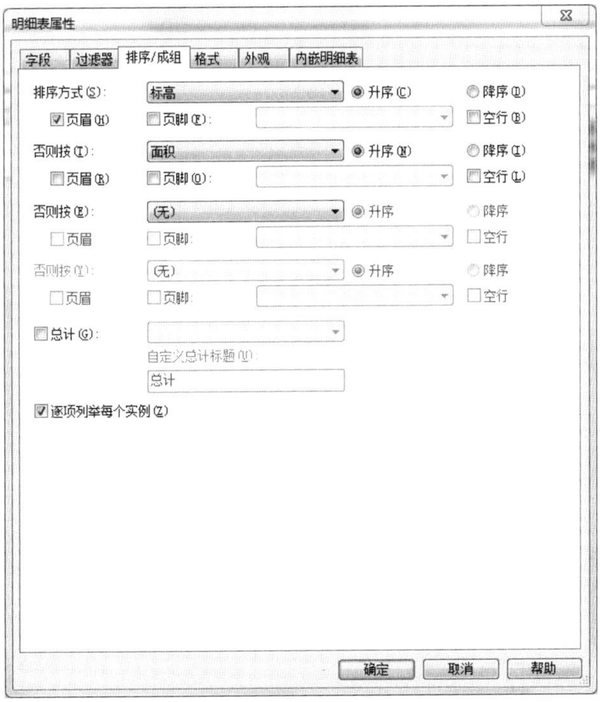

图 3-23　"排序 / 成组"设置

完成上述三项编辑后，点击"确定"，生成所需的"空间明细表"。可直接在"空间明细表"编辑空间属性。当不同空间的空间属性相同时，可以直接在"空间明细表"中通过"复制"和"粘贴"命令进行编辑。

使用"窗口平铺"命令将空间明细表和对应楼层平面同时显示在窗口中，可以直观的查看和编辑相应空间的信息。

3.2.3　分区

分区是个空间的集合，分区可以有一个或多个空间组成，创建分区后，可以定义统一具有相同环境和设计需求的空间。简而言之，使用相同空调系统的空间或者空调系统中，使用同一台空气处理设备的空间，可以指定为同一分区，新创建的空间会自动放置在默认程序下，所以在负荷计算前最好为空间制定分区。

1．分区放置

单击功能区中的"分析""分区"，单击"编辑分区""添加空间"，选择"空间"，将具有相同环境和设计需求的"空间"逐个添加到分区中，如图 3-24 所示。

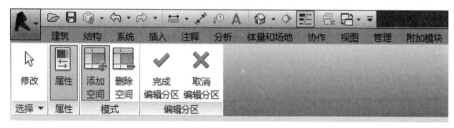

图 3-24　分区放置

2．分区查看

分区添加完后，可以通过以下两种方式来检查分区：

（1）单击"视图""用户界面"，勾选"系统浏览器"，在弹出的"系统浏览器"中选择"视图"下的"分区"，可以查看分区状态。

（2）点击列设置" 🔲 "按钮，在弹出的"设置列"对话框中，在"常规"下勾选用户所需查看的分区中空间信息，如图 3-25 所示。

图 3-25　列设置

3.2.4　分区设置

在"系统浏览器"中，选择分区单击右键选择"属性"或者选中当前视图中的分区单击右键选择"属性"，打开功能区中的"属性"对话框，在"能量分析"下定义分区的设备类型、制冷、加热和信封信息等参数，如图 3-26 所示。

1．设备类型

选择分区使用的加热、制冷或加热制冷设备类型。用户可以在下拉菜单中，按照设计要求选择空调设备类型，如图 3-27 所示。

2．盘管旁路

制造商的盘管旁路系数没用来衡量效率的参数，表示通过盘管但未受盘管温度影响的分区。

3．制冷信息

打开"制冷信息"对话框，包含四个选项，如图 3-28 所示。

（1）制冷设定点：分区中所有空间要达到并保持的制冷空调温度，每个分区只能指定一个设定点，因为默认每个分区使用一个温度调节装置控制所有空调。

（2）制冷空气温度：分区中所有空间进行制冷的进风温度。

（3）温度控制：勾选后，计算再热负荷。

（4）除湿设定点：分区中的所有空间位置的相对湿度。

4．加热信息

打开"加热信息"对话框，包含四个选项，如图 3-29 所示。

（1）加热设定点：分区中所有空间要达到并保持的加热空调温度。

（2）加热空气温度：分区中所有空间进行加热的送风温度。

（3）湿度控制：勾选后，计算加热负荷。

（4）湿度设定点：分区中的所有空间位置的相对湿度。

图 3-26　属性设置

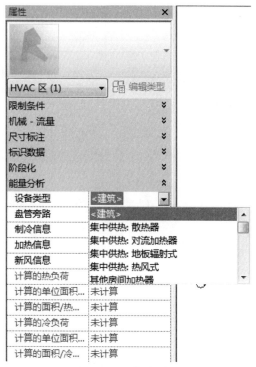

图 3-27　设备类型

图 3-28　制冷信息

图 3-29　加热信息

5.　新风信息

打开"新风信息"对话框中，包含以下三列选项，如图 3-30 所示。

图 3-30　新风信息

（1）每人的新风量：分区中所有空间，每人所需的最小新风量。

（2）每区域的新分量：分区中所有空间，每平方米所需的最小新风量。

（3）每小时换气次数：分区中所有空间的每小时最小换气次数。

3.2.5　热负荷和冷负荷

完成建筑类型、空间和分区设置后，可以根据建筑模型进行复核计算。

单击功能区中"分析""热负荷和冷负荷"，打开"热负荷和冷负荷"对话框，包含"常规"和"详细信息"两个选项栏，如图 3-31 所示。

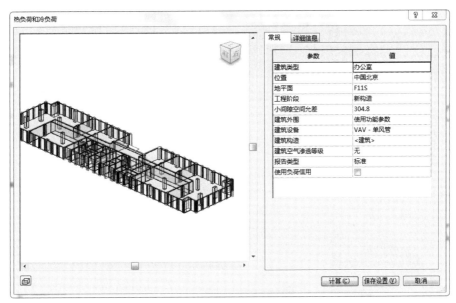

图 3-31　热负荷和冷负荷

1．常规

常规建筑信息数据包含以下信息：

（1）建筑类型：指定建筑类型，与本章 3.1.1 基本设置中介绍的"建筑\空间类型设置"中设置"建筑类型"一致。指定某一"建筑类型"后，如"办公室"，将自动调用"建筑\空间类型设置"中设置的能量分析参数进行计算。

（2）位置：与本章 3.1.1 基本设置中介绍的"地理位置"设置相同。

（3）建筑设备：该建筑采用的制冷、加热或制冷和加热系统类型。例如"风机盘管系统""集中供热：散热器"等。

（4）建筑构造：与本章 3.1.2 空间中"空间设置"的"构造类型"设置相同。定义建筑维护结构（门、屋顶、窗）的材质和导热系数。

（5）建筑空气渗透等级：通过建筑外围漏隙进入建筑的新风的估算量。

① 松散：0.076cfm/sqft（单位）；

② 中等：0.0386cfm/sqft（单位）；

③ 紧密：0.019cfm/sqft（单位）；

④ 无：不考虑空气渗透。

（6）报告类型：完成负荷计算后没生成负荷报告的详细程度分为"简单""标准""详细"三种。

① 简单：负荷报告包含项目信息、整个建筑的负荷、各个分区的负荷以及各个空间的负荷。

② 标准：负荷报告在"简单"报告的基础上增加了每个分区及空间的建筑维护结构负荷。

③ 详细：负荷报告在前两者的基础上增加了每个楼层负荷，并且勒出了每个分区及空间在各自朝向上的建筑维护结构负荷。

（7）工程阶段：指定建筑构造的阶段，"现有"或者是"新构造"。

（8）小间隙空间允差：小间隙空间必须以平行房间边界构件形成完整边界，如回风竖井、墙槽等都属于小间隙空间。如果"热负荷和冷负荷"的"小间隙空间允差"设定值为500，"空间1"上部的墙槽在符合计算时将被作为室外考虑，不参与负荷计算。

（9）使用负荷信用：允许以附属形式记录加热或制冷"信贷"负荷。例如，从一个分区通过隔墙传递给另一个分区的热可以是负数负荷。

2．详细信息

详细信息包含空间信息和分析表面信息，如图 3-32 所示。

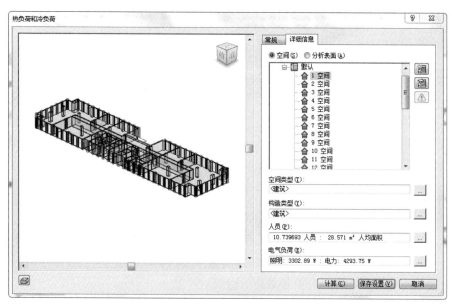

图 3-32　详细信息

（1）空间信息：包含分区信息和空间信息

当选择"空间"时，"热负荷和冷负荷"对话框中左侧窗口显示对应的空间模型。

① 分区信息：所含信息与分区"属性"对话空中的"能量信息"一致。如果在分区的"属性"中已经完成设置，这里可以进行检查，如果需要可再次编辑修改。

② 空间信息：所含信息与空间"属性"对话框中的"能量分析"信息一致。如果在分区的"属性"中已经完成设置，这里可以进行核查，如果需要可在此编辑修改。

（2）分析表面信息：包含分区信息、空间信息以及建筑围护结构

分区信息与空间信息的设置与选择"空间"时相同个。当选择"分析表面"时，"热负荷和冷负荷"对话框中左侧窗口显示包含外墙、内墙、天花、地板等构件的分析表面模型，如图 3-33 所示。

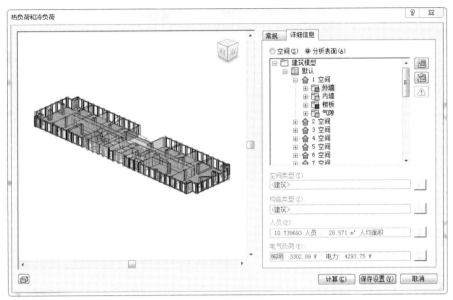

图 3-33　分析表面模型

3．负荷报告

上述设置都核查完成后，单击"计算"即生成负荷报告，或者不执行计算，单击"保存设置"保存更新。

以一层平面的办公区域为例，完成该楼层平面的负荷计算后，打开在"项目浏览器"中"报告"的下拉菜单，双击"负荷报告（1）"，可以查看负荷报告，如图 3-34 所示。

Project Summary

位置和气候	
项目	1#办公楼等7顶(朝阳区太阳宫乡 0301-616地块C2商业金融用地)
地址	请在此处输入地址
计算时间	2018年5月1日 星期二 上午 6:30
报告类型	标准
纬度	39.92°
经度	116.43°
夏季干球温度	36 ℃
夏季湿球温度	28 ℃
冬季干球温度	-11 ℃
平均日较差	9 ℃

Building Summary

输入	
建筑类型	办公室
面积（m²）	1,670.94
体积（m²）	6,615.66
计算结果	
峰值总冷负荷（W）	76,557
峰值制冷时间(月和小时)	七月 15:00
峰值显热冷负荷（W）	73,300
峰值潜热冷负荷（W）	3,257
最大制冷能力（W）	76,557
峰值制冷风量（L/s）	5,571.0
峰值热负荷（W）	66,186
峰值加热风量（L/s）	3,299.9
检查和	
冷负荷密度（W/m²）	45.82
冷流体密度（LPS/m²）	3.3340
冷流体/负荷（L/(s·kW)）	72.77
制冷面积/负荷（m²/kW）	21.83
热负荷密度（W/m²）	39.61
热流体密度（LPS/m²）	1.9749

图 3-34　负荷报告

3.3 风管设置

Revit MEP 具有强大的管路系统三维建模功能，可以直接地反映系统布局，实现所见即所得。如果在设计初期，根据设计对风管、管道进行设置，可以提高设计准确性和效率。本节将介绍 Revit MEP 的风管功能和基本设置。

3.3.1 风管系统设置

Revit 软件自带了三种风管系统，分别包括：回风、排风、送风系统类型。我们可根据项目需求复制新的系统，如需要排烟系统，我们需复制排风系统，并重命名，然后修改排烟系统的类型参数，如系统缩写等，如图 3-35 所示。

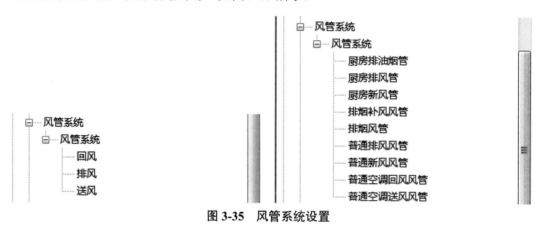

图 3-35　风管系统设置

风管系统类型创建好后，需设置管道系统的类型属性，其中包括，图形替换、材质和装饰、机械、标识数据、上升 / 下降符号等内容，图 3-36 所示。

（1）"图形"指的是该系统管道的中心线、边线的线宽、颜色、线样式等；

（2）"材质和装饰"指的是该系统管道的三维模型显示的颜色；

（3）"机械"指的是该系统管道的物理属性参数，主要为水力计算提供数据；

（4）"标识数据"指的是该系统管道的文字参数属性，最常用的是管道系统缩写；

（5）"上升 \ 下降符号"指的是该系统管道竖向风管在平面、立面、剖面的二维表现形式。

风管系统颜色设置

常规情况下会通过为风管系统添加材质的方式，实现不同系统的风管在"着色"模式显示不同的模型颜色。

在风管系统的"类型属性"对话框中，单击"材质"选项后方的"▣"按钮，弹出"材质浏览器"。在"材质浏览器"中新建材质，如图 3-37、图 3-38 所示。右键"重命名"，修改为"冷冻水管（回）系统材质"，在右侧面板中修改"图形""外观"。

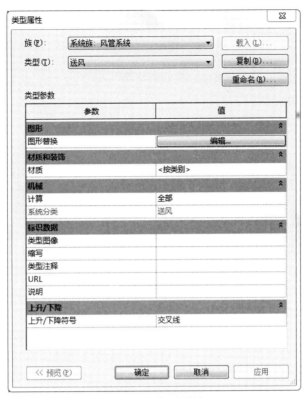

图 3-36　类型属性

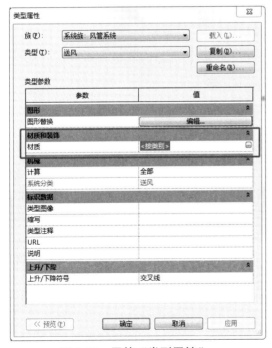

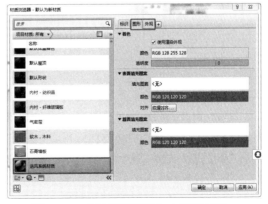

图 3-37　风管"类型属性"　　　　图 3-38　"材质浏览器"中新建材质

为风管系统添加材质的方式，是风管颜色设置的通用方式。相比于为视图添加过滤器的方式，有以下优点和缺点：

优点：

（1）同一系统的管道，只需添加一次风管系统材质，项目文件所有视图中该系统风管的三维模型显示颜色均统一，不用在每个视图中单独添加视图过滤器。

（2）将模型导出".nwc"格式文件，在 Navisworks 软件中打开，不会丢失风管颜色。

缺点：

在风管系统中还包含风管管件、风管附件、机械设备等其他构件，因为是为风管系统添加的材质，所以这些构件在所有视图中模型的颜色也和风管系统颜色保持一致。

3.3.2 风管参数设置

1. 风管类型

单击功能区"系统""风管"，在"属性"对话框选择和编辑风管类型，如图 3-39 所示。Revit MEP 自带样板中含有圆形风管族、矩形风管族、椭圆形风管族，我们可以根据项目需要复制、编辑多个风管类型。常规情况下管道类型设置包括了风管截面尺寸、材质、风管连接方式、风管布管系统配置等内容。以"镀锌钢板 - 法兰 -T 形三通风管"类型为例，根据风管的材质、连接方式进行命名；管道的布管系统配置依据相关规范要求，匹配默认生成的标准风管管件。

图 3-39　系统选择风管

单击"编辑类型"，打开"类型属性"对话框，可以对风管类型进行设置，如图 3-40 所示。

（1）使用"复制"命令可以根据已有风管类型添加新的风管类型。

（2）根据风管材料设置"粗糙度"，用于计算风管的沿程阻力。

（3）通过在"管件"列表中配置各类型风管管件族，可以指定绘制风管是自动添加到风管管路中的管件，也可以手动添加管件到风管系统中。以下管件类型可以在绘制时自动添加到风管中：弯头、T 型三通、接头、四通、过渡件、多形状过渡件矩形到原型、多形状过渡件矩形到椭圆形、多形状过渡件椭圆形到圆形和活接头。不能在"管件"列表中选取的管件类型，需要手动添加到风管系统中，如 Y 型三通、斜接四通等。

（4）通过编辑"标识数据"中的参数为风管添加标识。

2. 风管尺寸

在 Revit MEP 中，通过"机械设置"对话框查看、添加、删除当前项目中的风管尺寸信息。

图 3-40　设置风管类型

打开"机械设置"对话框方式。

单击功能区"管理""MEP 设置""机械设置",如图 3-41(一)所示。

图 3-41　机械设置(一)

单击功能区的"系统""机械",如图 3-41（二）所示。

图 3-41　机械设置（二）

添加 / 删除风管尺寸。

打开"机械设置"对话框后，单击"矩形"/"椭圆形"/"圆形"可以分别定义对应形状的风管尺寸，如图 3-42 所示。单击"新建尺寸"或者"删除尺寸"按钮，可以添加和删除风管尺寸。如果在绘图区域已经绘制了某尺寸的风管，该尺寸在"机械设置"的尺寸列表中无法删除。

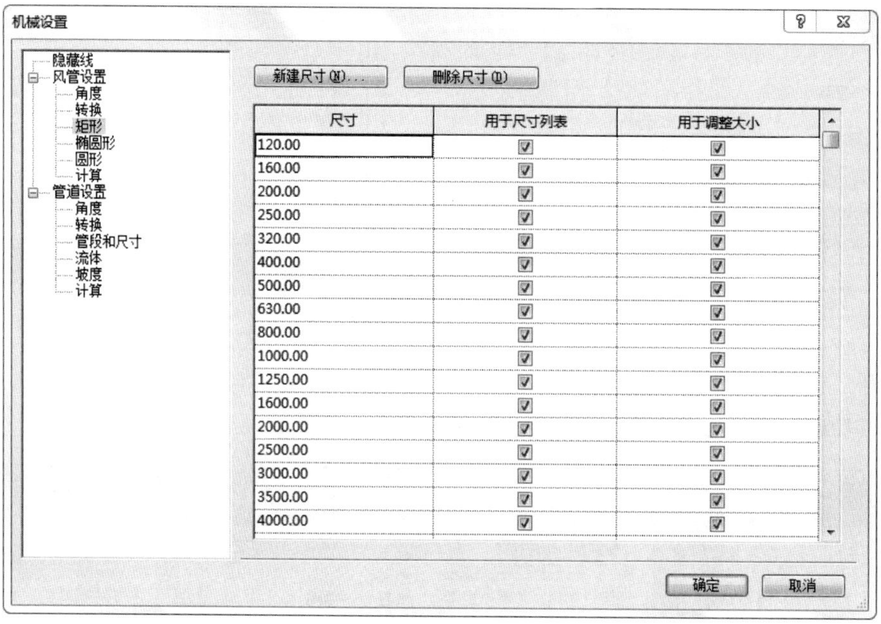

图 3-42　添加 / 删除风管尺寸

其他设置：在"机械设置"对话框"风管设置"选项中，可以对风管尺寸标注以及风管内流体属性参数进行设置，如图 3-43 所示。

面板中具体参数意义如下：

（1）为单线管件使用注释比例：指定是否按照"风管管件注释尺寸"参数所指定的尺寸绘制风管管件。修改该设置时并不会改变已在项目中放置的构件的打印尺寸。

（2）风管管件注释尺寸：指定在单线视图中绘制的管件和附件的打印尺寸。无论图纸比例为多少，该尺寸始终保持不变。

（3）空气密度：该参数用于确定风管尺寸和压降。

（4）空气动态黏度：该参数用于确定风管尺寸。

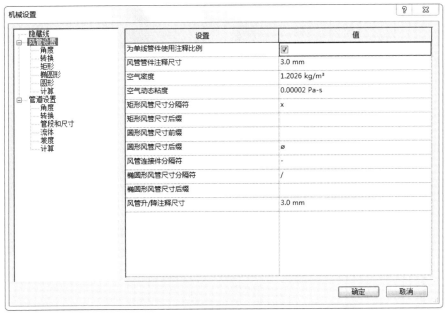

图 3-43　其他设置

（5）矩形风管尺寸分隔符：指定用于显示矩形风管尺寸的符号。例如，如果使用 ×，则高度为 12 英寸、深度为 12 英寸的风管将显示为"12×12"。

（6）矩形风管尺寸后缀：指定附加到矩形风管的风管尺寸后的符号。

（7）圆形风管尺寸前缀：指定前置在圆形风管的风管尺寸的符号。

（8）圆形风管尺寸后缀：指定附加到圆形风管的风管尺寸后的符号。

（9）风管连接件分隔符：指定用于在两个不同连接件之间分隔信息的符号。

（10）椭圆形风管尺寸分隔符：指定用于显示椭圆形风管尺寸的符号。例如，如果使用 ×，则高度为 12 英寸、深度为 12 英寸的风管将显示为"12×12"。

（11）椭圆形风管尺寸后缀：指定附加到椭圆形风管的风管尺寸后的符号。

（12）风管升 / 降注释尺寸：指定在单线视图中绘制的升 / 降注释的打印尺寸。无论图纸比例为多少，该尺寸始终保持不变。

3.3.3　风管绘制方法

本节以绘制矩形风管为例介绍绘制风管的方法。

1．基本操作

在平、立、剖视图和三维视图中均可绘制风管。

风管绘制模式有以下方式：

单击功能区中"系统"选项卡→"风管"（快捷键 DT），如图 3-44 所示。

进入风管绘制模式后，"修改 | 放置风管"选项卡和"修改 | 放置风管"选项栏被同时激活，如图 3-45 所示。

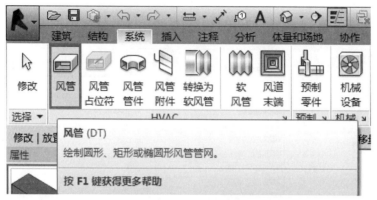

图 3-44　风管绘制

图 3-45　修改 | 放置风管

按照以下步骤绘制风管：

（1）选择风管类型。在风管"属性"对话框中选择所需要绘制的风管类型。

（2）选择风管尺寸。在风管"修改 | 放置风管"选项栏的"宽度"或"高度"下拉列表中选择风管尺寸。如果在下拉列表中没有需要的尺寸，可以直接在"宽度"和"高度"中输入需要绘制的尺寸。

（3）指定风管偏移。默认"偏移量"是指风管中心线相对于当前平面标高的距离。在"偏移量"下拉列表中可以选择项目中已经用到的风管偏移量，也可以直接输入自定义的偏移数值，默认单位为毫米。

（4）指定风管起点和终点。将鼠标指针移至绘图区域，单击鼠标指定风管起点，移动至终点位置再次单击，完成一段风管的绘制。可以继续移动鼠标绘制下一管段，风管将根据管路布局自动添加在"类型属性"对话框中预设好的风管管件。绘制完成后，按 Esc 键，或者单击鼠标右键，在弹出的快捷菜单中选择"取消"命令，退出风管绘制命令。

2．风管对正

绘制风管

在平面视图和三维视图中绘制风管时，可以通过"修改 | 放置风管"选项卡中的"对正"指定风管的对齐方式。单击"对正"，打开"对正设置"对话框，如图 3-46 所示。

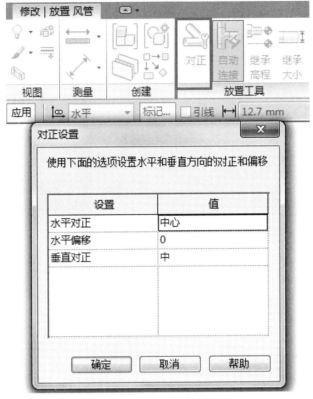

图 3-46　对正设置

水平对正：当前视图下，以风管的"中心""左"或"右"侧边缘作为参照，将相邻两段风管边缘进行水平对齐。"水平对正"的效果与绘制方向有关，自左向右绘制风管时，选择不同"水平对正"方式效果，如图 3-47 所示。

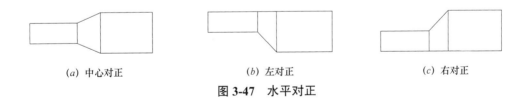

(a) 中心对正　　　　　　　　　(b) 左对正　　　　　　　　　(c) 右对正

图 3-47　水平对正

水平偏移：用于指定风管绘制起始点位置与实际风管和墙体等参考图元之间的水平偏移距离。"水平偏移"的距离和"水平对齐"设置与风管方向有关。设置"水平偏移"值为100mm，自左向右绘制风管，不同"水平对正"方式下风管绘制效果如图 3-48 所示。

垂直对正：当前视图下，以风管的"中""底"或"顶"作为参照，将相邻两段风管边缘进行垂直对齐。"垂直对齐"的设置决定风管"偏移量"指定的距离。不同"垂直对正"方式下，偏移量为 2750mm 绘制风管的效果，如图 3-49 所示。

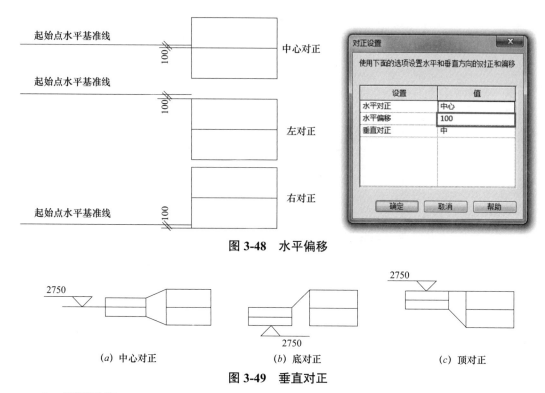

图 3-48 水平偏移

(a) 中心对正   (b) 底对正   (c) 顶对正

图 3-49 垂直对正

3. 编辑风管

风管绘制完成后，在任意视图中，可以使用"对正"命令修改风管的对齐方式。选中需要修改的管段，单击功能区中的"对正"按钮，如图 3-50 所示。进入"对正编辑器"，选择需要的对齐方式和对齐方向，单击"完成"按钮。

自动连接

激活"风管"命令后，"修改 | 放置风管"选项卡中的"自动连接"用于某一段风管管路开始或者结束时自动捕捉相交风管，并添加风管管件完成连接。默认情况下，这一选项是激活的。如绘制两段不在同一高程的正交风管，将自动添加风管管件完成连接，如图 3-51 所示。

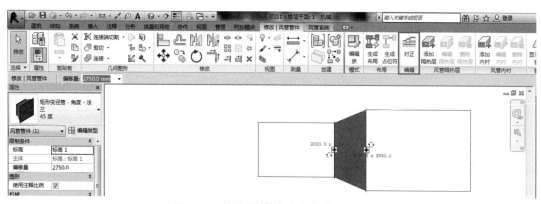

图 3-50 修改风管的对齐方式（一）

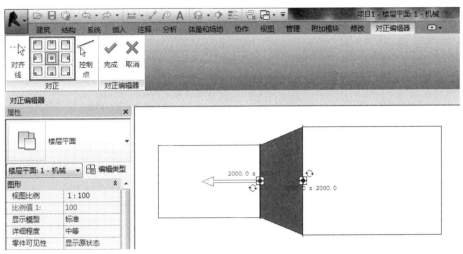

图 3-50　修改风管的对齐方式（二）

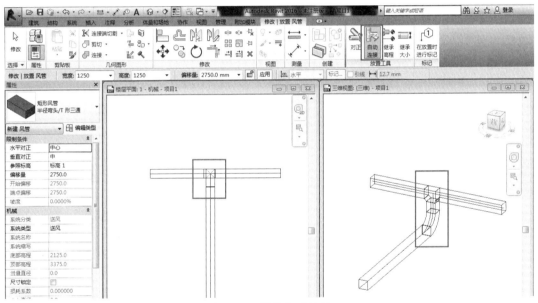

图 3-51　风管自动连接

　　如果取消激活"自动连接"，绘制两段不在同一高程的正交风管，则不会生成配件完成自动连接，如图 3-52 所示。

4．风管管件的使用

　　风管管路中包含大量连接风管的管件。下面将介绍绘制风管时管件的使用方法和主要事项。

　　（1）放置风管管件

　　1）自动添加

　　绘制某一类型风管时，通过风管"类型属性"对话框中"管件"指定的风管管件，可以根据风管自动布局加载到风管管路中。目前一些类型的管件可以在"类型属性"对话框中指定弯头、T 形三通、接头、四通、过渡件（变径）、多形状过渡件矩形到圆形（天圆地方）、多形状过渡件椭圆形到圆形（天圆地方）、活接头。用户可根据需要选择相应的风管管件族。

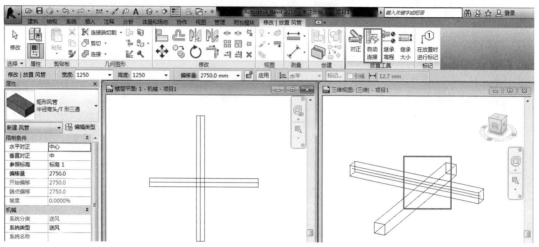

图 3-52　取消"自动连接"

2）手动添加

在"类型属性"对话框中的"管件"列表中无法指定的管件类型，例如弯头、Y 形三通、斜 T 形三通、斜四通、喘振（对应裤衩三通）、多个端口（对应非规则管件），使用时需要手动插入到风管中或者将管件放置到所需位置后手动绘制风管。

（2）编辑管件

在绘图区域中单击某一管件，管件周围会显示一组管件控制柄，可用于修改管件尺寸、调整管件方向和进行管件升级或降级，如图 3-53 所示。

在所有连接件都没有连接风管时，可单击尺寸标注改变管件尺寸，如图 3-54 所示。

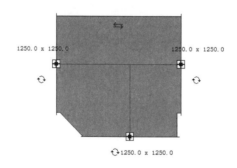

图 3-53　编辑管件

单击 ⇆ 符号可以实现管件水平或垂直翻转180°。

单击 ↻ 符号可以旋转管件。注意:当管件连接了风管后,该符号不会再出现,如图3-53所示。

如果管件的所有连接件都连接风管,可能出现"+",表示该管件可以升级,如图3-54所示。例如,弯头可以升级为T形三通、T形三通可以升级为四通等。

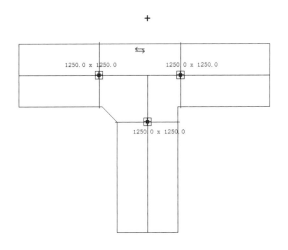

图3-54　旋转管件

如果管件有一个未使用连接风管的连接件,在该连接件的旁边可能出现"—",表示该管件可以降级,如图3-55所示。

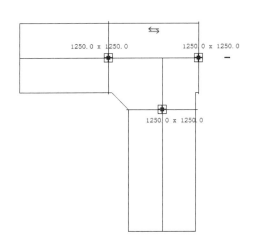

图3-55　管件降级标识

5．风管附件放置

单击"系统"选项卡→"风管附件"，在"属性"对话框中选择需要插入的风管附件，插入到风管中，如图 3-56 所示。

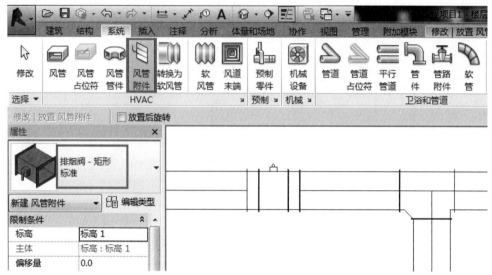

图 3-56　风管附件

不同零件类型的风管管件，插入到风管中，安装效果不同，零件类型为"插入"或"阻尼器"（对应阀门）的附件，插入到风管中将自动捕捉风管中心线，单击鼠标放置风管附件，附件会打断风管直接插入到风管中，如图 3-57 所示。零件类型为"附着到"的风管附件，插入到风管中将自动捕捉风管中心线，单击鼠标放置风管附件，附件将连接到风管一端，如图 3-56 所示。

（*a*）　　　　　　　　　　　　　　　　（*b*）

图 3-57　插入附件

6．绘制软风管

单击"系统"选项卡→"软风管"，如图 3-58 所示。

图 3-58　软风管

（1）选择软风管类型

在软风管"属性"对话框中选择所需要绘制的风管类型。目前 Revit MEP 提供一种矩形软管和一种圆形软管，如图 3-59 所示。

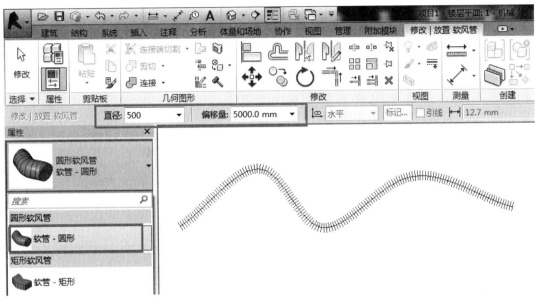

图 3-59　软风管类型

（2）选择软风管尺寸

矩形风管在"修改|放置软风管"选择卡的"宽度"或"高度"下拉列表中选择在"机械设置"中设定的风管尺寸。圆形风管可在"修改 | 放置软风管"选择卡的"直径"下拉菜单选择直径大小。如果在下拉列表中没有需要的尺寸，可以直接在"高度""宽度""直径"中输入需要绘制的尺寸。

（3）指定软管偏移量

"偏移量"是指软风管中心线相当于当前平面标高的距离。在"偏移量"下拉列表中，可以选择项目中已经用到的软风管 / 风管偏移量，也可以直接输入自定义的偏移量数值，默认单位为毫米。

（4）指定风管起点和终点

在绘图区域中，单击指定软风管的起点，沿着软风管的路径在每个拐点单击鼠标，最后在软管终点按 Esc 键，或者单击鼠标右键，在弹出的快捷菜单中选择"取消"命令。

（5）修改软管

在软管上拖曳两端连接件、顶点和切点，可以调整软风管路径，如图 3-60 所示。

🔲：连接件，出现在软风管的两端，允许重新定位软管的端点。通过连接件，可以将软管与另一构件的风管连接件连接起来，或断开与该风管连接件的连接。

🔩：顶点，沿软风管的走向分布，允许修改风管的拐点。在软风管上单击鼠标右键，在弹出的快捷菜单中可以"插入顶点"或"删除顶点"。使用顶点可在平面视图中以水平方向修改软件风管的形状，在剖面视图或立面视图中以垂直方向修改软风管的形状。

切点，出现在软管的起点和终点，允许调整软风管的首个和末个拐点处的连接方向。

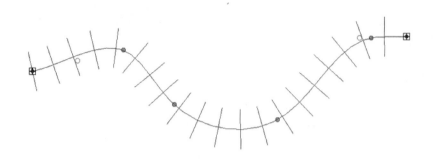

图 3-60　调整风管路径

7. 软风管样式

软风管"属性"对话框中"软管样式"共提供了 8 种软风管样式，通过选取不同的样式可以改变软风管在平面视图的显示。部分矩形软风管样式如图 3-61 所示。

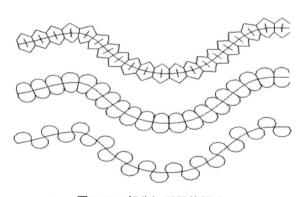

图 3-61　部分矩形风管样式

8. 设备接管

设备的风管连接件可以连接风管和软风管。连接风管和软风管的方法类似，下面将以连接风管为例，介绍设备连接管的 3 种方法。

第一种方法：

单击选中设备，用鼠标右键单击设备的风管连接件，在弹出的快捷菜单中选择"绘制风管"命令，如图 3-62 所示。

第二种方法：

直接拖动已绘制的风管到相应设备的风管连接件，风管将自动捕捉设备上的风管连接件，完成连接，如图 3-63 所示。

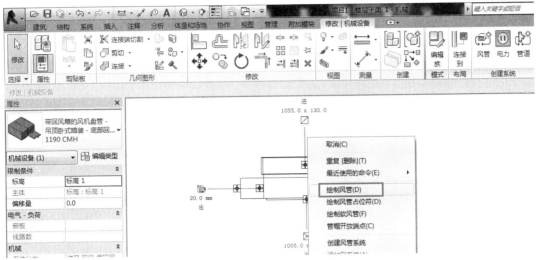

图 3-62 连接风管方法一

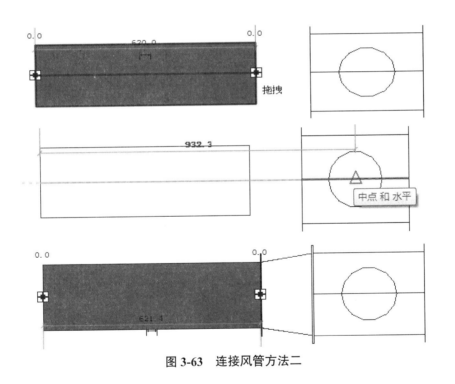

图 3-63 连接风管方法二

第三种方法：

使用"连接到"功能为设备连接风管。单击需要连接的设备，单击"修改/机械设备"选项卡→"连接到"，如果设备包含一个以上的连接件，将打开"选择连接件"对话框，选择需要连接风管的连接件，单击"确定"按钮，然后单击该连接件所有连接到的风管，完成设备与风管的自动连接，如图 3-64 所示。

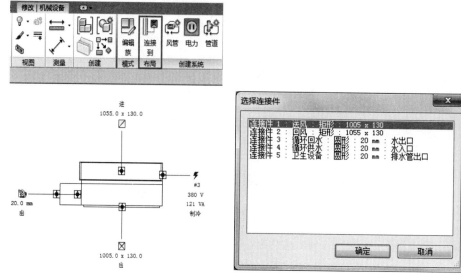

图 3-64　连接风管方法三

9．风管的隔热层和内衬

Revit MEP 可以为风管管路添加隔热层和衬层。分别编辑风管和风管管件的属性，输入所需要的隔热层和内衬厚度，如图 3-65 所示。当视觉样式设置为"线框"时，可以清晰地看到隔热层和内衬。

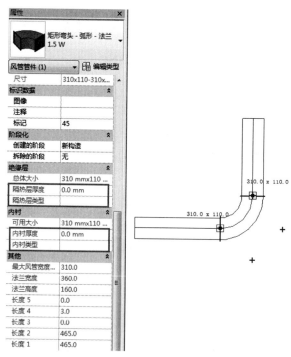

图 3-65　风管的隔热层和内衬

3.3.4　风管显示设置

1．视图详细程度

Revit MEP 的视图可以设置 3 种详细程度：粗略、中等和精细，如图 3-66 所示。

图 3-66　视图详细程度

在粗略程度下，风管默认为单线显示；在中等和精细程度下，风管默认为双线显示，如图 3-67 所示。

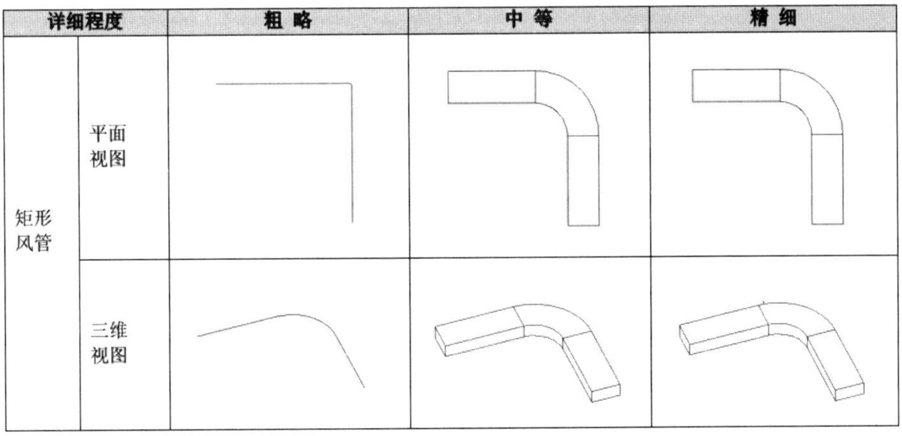

详细程度		粗　略	中　等	精　细
矩形风管	平面视图			
	三维视图			

图 3-67　不同详细程度矩形风管的显示

2．可见性 / 图形替换

单击功能区中"视图"选项卡→"可见性 / 图形替换"，或者通过快捷键 VG 或 VV 打开当前视图的"可见性 / 图形替换"对话框。在"模型类别"选项卡中可以设置风管的可见性。设置"风管"族类别可以整体控制风管的可见性，还可以分别设置风管族的子类别，如衬层、隔热层等分别控制不同子类别的可见性。如图 3-68 所示的设置表示风管族中所有子类别都可见。

3．隐藏线

单击机械下方箭头，"机械设置"对话框中"隐藏线"的设置用来设置图元之间交叉、发生遮挡关系时的显示，如图 3-69 所示。

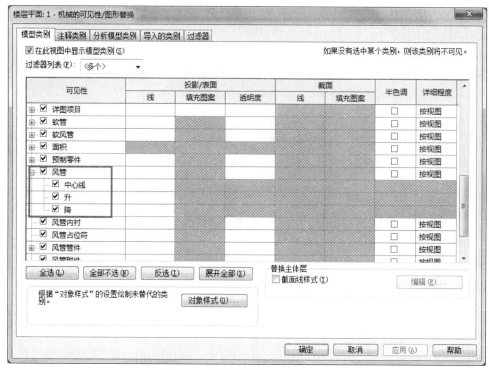

图 3-68　风管族的可见性设置

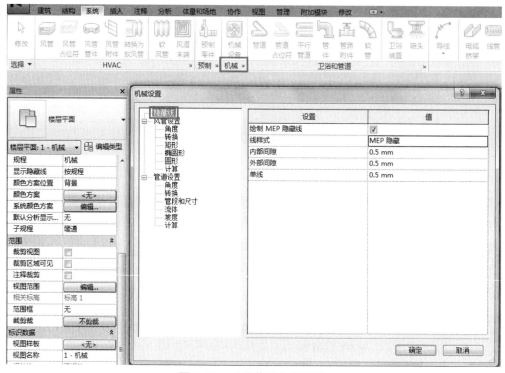

图 3-69　"隐藏线"的设置

3.4　风管标记

Revit MEP 中自带的风管注释符号族"M_风管尺寸标记"可以用来进行风管尺寸标注，以下介绍两种方式。

（1）风管绘制的同时进行标注。进入绘制风管模式后，单击"修改|放置管道"选项卡→"标记"→"在放置时进行标记"。绘制出的风管将会自动完成管径标注，如图 3-70 所示。

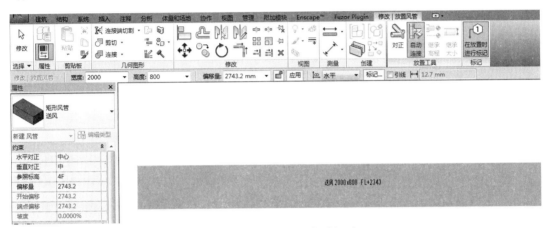

图 3-70　风管绘制后自动标注

（2）图 3-71 风管绘制后再进行管径标注。单击"注释"选项卡→"标记"面板下拉列表→"载入的标记"，就能查看到当前项目文件中加载的所有的标记族。某个族类在第一位的标记族为默认的标记族。当单击"按类别标记"按钮后，Revit MEP 将默认使用"M_风管尺寸标记"，如图 3-71 所示。

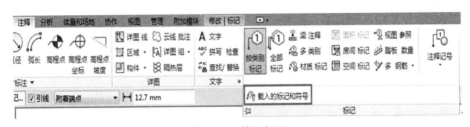

图 3-71　载入标记

单击"注释"选项卡→"标记"→"按类别标记"，将鼠标指针移至视图窗口的风管上，如图 3-72 所示。上下移动鼠标可以选择标注出现在管道上方还是下方，确定注释位置单击完成标注。

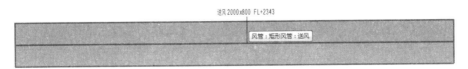

图 3-72　完成标注

第4章 电气系统创建

4.1 电缆桥架

Revit MEP 的电缆桥架功能可以绘制生动的电缆桥架模型，如图 4-1 所示。

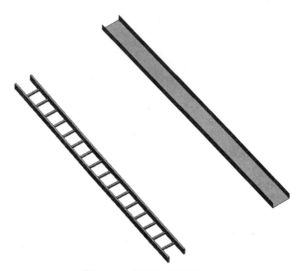

图 4-1 电缆桥架模型

4.1.1 电缆桥架

Revit MEP 为我们提供了两种不同的电缆桥架形式："带配件的电缆桥架"和"无配件的电缆桥架"。"无配件的电缆桥架"适用于设计中不明显区分配件的情况。"带配件的电缆桥架"和"无配件的电缆桥架"是作为两种不同的系统族来实现的，并在这两个系统族下面添加不同的类型。Revit MEP 提供的"机械样板"项目样板文件中分别给"带配件的电缆桥架"和"无配件的电缆桥架"配置了默认类型，如图 4-2 所示。

"带配件的电缆桥架"的默认类型有实体底部电缆桥架、梯级式电缆桥架、槽式电缆桥架。"无配件的电缆桥架"的默认类型有单轨电缆桥架、金属丝网电缆桥架。其中，"梯级式电缆桥架"的形状为"梯形"，其他类型的截面形状为"槽形"。和风管、管道一样，项目之前要设置好电缆桥架类型。可以用以下方法查看并编辑电缆桥架类型。

单击"系统"选项卡→"电气"→"电缆桥架"，在

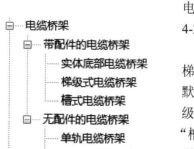

图 4-2 电缆桥架的默认类型

"属性"对话框中单击"编辑类型"按钮，如图 4-3 所示。

图 4-3　带配件的电缆桥架的设置

单击"系统"选项卡→"电气"→"电缆桥架"，在"修改 | 放置电缆桥架"选项卡的"属性"面板中单击"类型属性"，如图 4-4 所示。

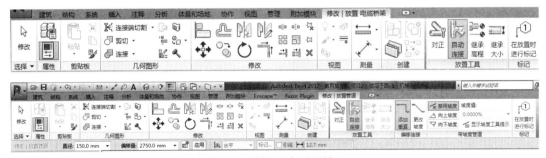

图 4-4　选择"类型属性"

在项目浏览器中，展开"族"→"电缆桥架"，双击要编辑的类型就可以打开"类型属性"对话框，如图 4-5 所示。

图 4-5　选择要编辑的类型

在电缆桥架的"类型属性"对话框中，"管件"列表下需要定义管件配置参数。通过这些参数指定电缆桥架配件族，可以配置在管路绘制过程中自动生成的管件（或称配件）。软件自带的项目样板"机械样板"中预先配置了电缆桥架类型，并分别指定了各种类型下"管件"默认使用的电缆桥架配件族。这样在绘制桥架时，所指定的桥架配件就可以自动放置到绘图区与桥架相连接。

4.1.2　电缆桥架配件族

Revit MEP 自带的族库中，提供了专为中国用户创建的电缆桥架配件族。下面以水平弯通为例，对比族库中提供的几种配件族。如图 4-6 所示，配件族有"托盘式电缆桥架水平弯通 .rfa""梯级式电缆桥架水平弯通 .rfa""槽式电缆桥架水平弯通 .rfa"。

托盘式电缆桥架水平弯通

图 4-6　3 种电缆桥架配件族（一）

槽式电缆桥架水平弯通

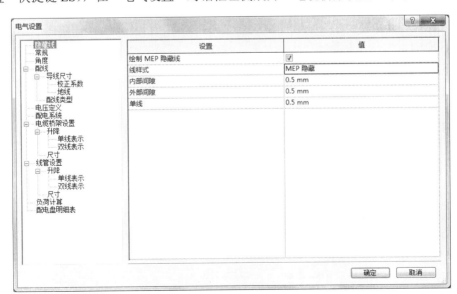

梯级式电缆桥架水平弯通

图 4-6　3 种电缆桥架配件族（二）

4.1.3　电缆桥架的设置

在布置电缆桥架前，先按照设计要求对桥架进行设置。

在"电气设备"对话框中定义"电缆桥架设置"。单击"管理"选项卡→"设置"→"MEP 设置"下拉列表→"电气设置"（也可单击"系统"选项卡→"电气"→"电气设置"快捷键 ES），在"电气设置"对话框左侧展开"电缆桥架设置"，如图 4-7 所示。

图 4-7　电缆桥架的设置

1. 定义设置参数

（1）为单线管件使用注释比例：用来控制电缆桥架配件在平面视图中的单线显示。如果勾选该选项，将以"电缆桥架配件注释尺寸"的参数绘制桥架和桥架附件。

［注意］，修改该设置时只影响后面绘制的构建，并不会改变修改前已在项目中放置的构建的打印尺寸。

（2）电缆桥架配件注释尺寸：指定在单线视图中绘制的电缆桥架配件出图尺寸。该尺寸不以图纸比例变化而变化。

（3）电缆桥架尺寸分隔符：该参数指定用于显示电缆桥架尺寸的符号。例如，如果使用"×"，则宽为 300mm、深度为 100mm 的风管将显示为"300mm×100mm"。

（4）电缆桥架尺寸后缀：指定附加到根据"属性"参数显示的电缆桥架尺寸后面的符号。

（5）电缆桥架连接件分隔符：指定在使用两个不同尺寸的连接件时用来分隔信息的符号。

2. 设置"升降"和"尺寸"

展开"电缆桥架设置"，设置"升降"和"尺寸"。

（1）升降

"升降"选项用来控制电缆桥架标高变化时的显示。

选择"升降"，在右侧面板中可指定电缆桥架升 / 降注释尺寸的值，如图 4-8 所示。该参数用于指定在单线视图中绘制的升 / 降注释的出图尺寸。该注释尺寸不以图纸比例变化而变化，默认设置为 3mm。

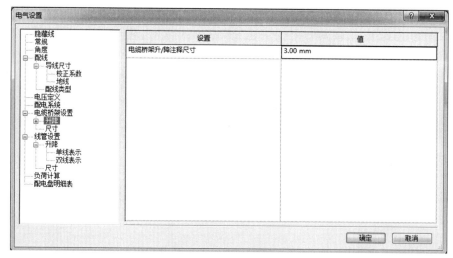

图 4-8 设置"升、降"

在左侧面板中，展开"升降"，选择"单线表示"，可以在右侧面板中定义在单线图纸中显示的升符号、降符号，单击相应"值"列并单击按钮，在弹出的"选择符号"对话框中选择相应符号如图 4-9（a）所示。使用同样的方法设置"双线表示"，定义在双线图纸中显示的升符号、降符号，如图 4-9（b）所示。

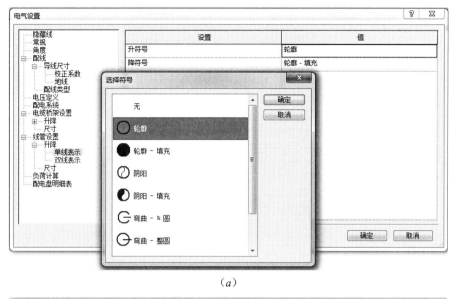

（a）

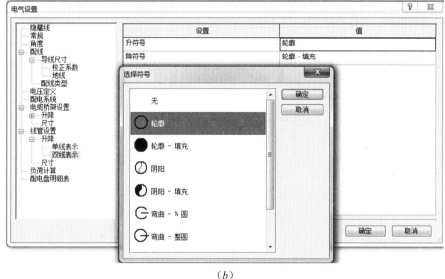

（b）

图 4-9　单双线表示

（2）尺寸

选择"尺寸"，右侧面板会显示可在项目中使用的电缆桥架尺寸表，在表中可以编辑当前项目文件中的电缆桥架尺寸，如图 4-10 所示。在尺寸表中，在某个特定尺寸右侧勾选"用于尺寸列表"，表示在整个 Revit MEP 的电缆桥架尺寸列表中显示所选尺寸，如果不勾选，该尺寸将不会出现在下拉列表中，如图 4-11 所示。

此外，"电气设置"还有一个公用选项"隐藏线"，如图 4-12 所示，用于设置图元之间交叉、发生遮挡关系时的显示。它与"机械设置"的"隐藏线"是同一设置。

图 4-10　编辑桥架尺寸

图 4-11　尺寸下拉

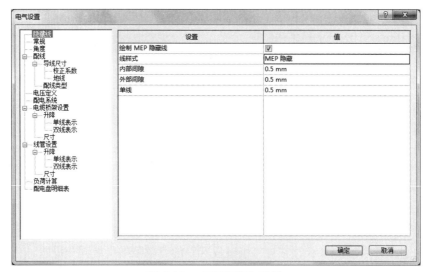

图 4-12　"隐藏线"设置

3．绘制电缆桥架

在平、立、剖和三维视图中均可绘制水平、垂直和倾斜的电缆桥架。

（1）基本操作

进入电缆桥架绘制模式的方式有以下几种：

1）单击"系统"选项卡→"电气"→"电缆桥架"，如图 4-13 所示。

图 4-13　电缆桥架

2）选中绘图区已布置构件族的电缆桥架连接件，单击鼠标右键，在弹出的快捷菜单中选择"绘制电缆桥架"命令。

3）直接键入快捷键 CT。

按照以下步骤绘制电缆桥架：

1）选中电缆桥架类型。在电缆桥架"属性"对话框中选中所需要绘制的电缆桥架类型，如图 4-14 所示。

图 4-14　选中电缆桥架类型

2）选中电缆桥架尺寸。在"修改 | 放置电缆桥架"选项栏的"宽度"下拉列表中选择电缆桥架尺寸，也可以直接输入欲绘制的尺寸。如果在下拉列表中没有该尺寸，系统将自动选中和输入尺寸最接近的尺寸。使用同样的方法设置"高度"。

3）指定电缆桥架偏移。默认"偏移量"是指电缆桥架中心线相对于当前平面标高的距离。在"偏移量"下拉列表中，可以选项目中已经用到的偏移量，也可以直接输入自定义的偏移量数值，默认单位为毫米。

4）指定电缆桥架起点和终点。在绘图区域中单击即可指定电缆桥架起点，移动至终点位置再次单击，完成一段电缆桥架的绘制。可继续移动鼠标绘制下一段。在绘制过程中，根据绘制路线，在"类型属性"对话框中预设好的电缆桥架管件将自动添加到电缆桥架中。绘制完成后，按 Esc 键，或者单击鼠标右键，在弹出的快捷菜单中选择"取消"命令退出电缆桥架绘制。垂直电缆桥架可在立面视图或剖面视图中直接绘制，也可以在平面视图中绘制，在选项栏上改变将要绘制的下一段水平桥架的"偏移量"，就能自动连接出一段垂直桥架。

4. 电缆桥架对正

在平面视图和三维视图中绘制管道时，可以通过"修改 | 放置电缆桥架"选项卡中放置工具对话框的"对正"按钮指定电缆桥架的对齐方式。单击"对正"按钮，弹出"对正设置"对话框，如图 4-15 所示。

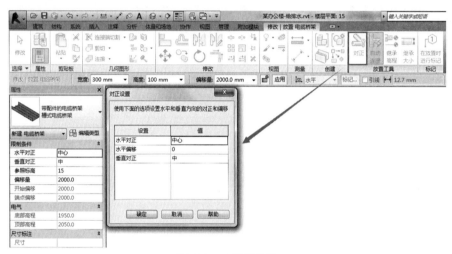

图 4-15　对正设置

（1）水平对正：用来指定当前视图下相邻两段管道之间水平对齐方式。"水平对正"方式有"中心""左"和"右"。

"水平对正"后的效果还与绘制方向有关，如果自左向右绘制，选择不同"水平对正"方式的绘制效果如图 4-16 所示。

左　　　　　　　　　中　　　　　　　　　右

图 4-16　不同"水平对正"方式

（2）水平偏移：用于指定绘制起始点位置与实际绘制位置之间的偏移距离。该功能多用于指定电缆桥架和前面提及的其他参考图元之间的水平偏移距离。比如，设置"水平偏移"值为 500mm 后，捕捉墙体中心线绘制宽度为 100mm 的直段，这样实际绘制位置是按照"水平偏移"值偏移墙体中心线的位置。同时，该距离还与"水平对齐"方式及绘制方向有关，如果自左向右绘制电缆桥架，3 种不同的水平对正方式下电缆桥架中心线到墙中心线的距离标注如图 4-17 所示。

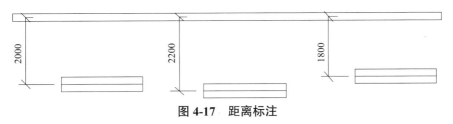

图 4-17　距离标注

（3）垂直对正：用来指定当前视图下相邻段之间垂直对齐方式。"垂直对正"方式有"中""底""顶"。"垂直对正"的设置会影响"偏移量"，如图 4-18 所示，当默认偏移量为 100mm 时，宽度为 100mm 的桥架，设置不同的"垂直对正"方式，绘制完成后的桥架偏移量（即中心标高）会发生变化。

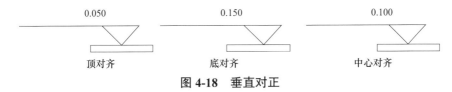

图 4-18　垂直对正

另外，电缆桥架绘制完成后，可以使用"对正"命令修改对齐方式。选中需要修改的电缆桥架，单击功能区中的"对正"按钮，进入"对正编辑器"，选中需要的对齐方式和对齐方向，单击"完成"按钮，如图 4-19 所示。

图 4-19　对齐方式

5．自动连接

在"修改 | 放置电缆桥架"选项卡中有"自动连接"选项，如图 4-20 所示。默认情况下，该选项是激活的。

图 4-20　"自动连接"选项

激活与否将决定绘制电缆桥架时是否自动连接到相交电缆桥架上，并生成电缆桥架配件。当激活"自动连接"时，在两直段相交位置自动生成四通；如果不激活，则不生成电缆桥架配件，两种方式如图 4-21 所示。

图 4-21　电缆桥架连接

（1）放置和编辑电缆桥架配件

电缆桥架连接中要使用电缆桥架配件。下面将介绍绘制电缆桥架时配件族的使用。

1）放置配件

在平、立、剖和三维视图中都可以放置电缆桥架配件。放置电缆桥架配件有两种方法：自动添加和手动添加。

① 自动添加：在绘制电缆桥架过程中自动加载的配件需在"电缆桥架类型"中的"管件"参数中指定。

② 手动添加：是在"修改 | 放置电缆桥架配件"模式下进行的。进入"修改 | 放置电缆桥架配件"有以下方式：

a. 单击"系统"选项卡→"电气"→"电缆桥架配件"，如图 4-22 所示。

图 4-22　选"电缆桥架配件"

b. 在项目浏览器中展开"族"→"电缆桥架配件"，将"电缆桥架配件"下的族直接拖到绘图区域。

c. 直接键入快捷键 TF。

2）编辑电缆桥架配件

在绘图区域中单击某一淡蓝桥架配件后，周围会显示一组控制柄，可用于修改尺寸、调整方向和进行升级或降级，如图 4-23 所示。

① 在配件的所有连接件都没有连接时，可单击尺寸标注改变宽度和高度，如图 4-23（a）所示。

② 单击 ⇕ 符号可以实现配件水平或垂直翻转 180°。

③ 单击↻符号可以旋转配件。注意：当配件连接了电缆桥架后，该符号不再出现，如图 4-23（b）所示。

④ 如果配件的旁边出现加号，表示可以升级该配件，如图 4-23（c）所示。例如，带有未使用连接件的四通可以降级为 T 形三通；带有未使用连接件的 T 形三通可以降级为弯头。如果配件上有多个未使用的连接件，则不会显示加、减号。

（2）带配件和无配件的电缆桥架

绘制"带配件的电缆桥架"和"无配件的电缆桥架"在功能上是不同的。

如图 4-24 所示分别为用"带配件的电缆桥架"和用"无配件的电缆桥架"绘制出的电缆桥架，可以明显看出这两者的区别。

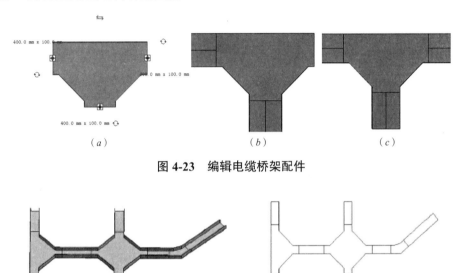

图 4-23　编辑电缆桥架配件

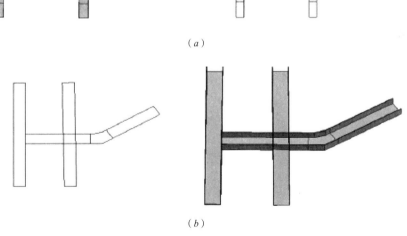

（b）

图 4-24　两种电缆桥架的比较

（a）带配件的电缆桥架；（b）无配件的电缆桥架

① 绘制"带配件的电缆桥架"时，桥架直段和配件间有分隔线分为各自的几段。

② 绘制"无配件的电缆桥架"时，转弯处和直段之间并没有分隔，桥架交叉时，桥架自动被打断，桥架分支时也是直接相连而不插入任何配件。

（3）电缆桥架的显示

在视图中，电缆桥架模型根据不同的"详细程度"显示，可通过"视图控制栏"的"详细程度"按钮，切换"粗略""中等""精细"3 种粗细程度。

① 精细：默认显示电缆桥架实际模型。

② 中等：默认显示电缆桥架最外面的方形轮廓（2D 时为双线，3D 时为长方体）。

③ 粗略：默认值显示电缆桥架的单线。

以梯形电缆桥架为例，"精细""中等""粗略"视图显示的对比如图 4-25 所示。

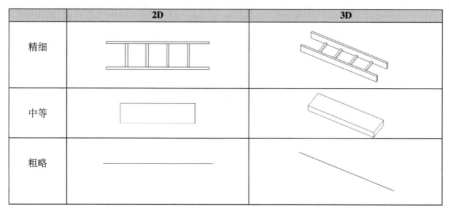

	2D	3D
精细		
中等		
粗略		

图 4-25　视图显示

在创建电缆桥架配件相关族的时候，应注意配合电缆桥架显示特性，确保整个电缆桥架管路显示协调一致。

4.2　线管

4.2.1　线管的类型

和电缆桥架一样，Revit MEP 的线管也提供了两种线管管路形式：无配件的线管和带配件的线管，如图 4-26 所示。Revit MEP 提供的"机械样板"项目样板文件中为这两种系统族分别默认配置了两种线管类型："刚性非金属线管（RNC Sch 40）"和"刚性非金属线管（RNC Sch 80）"，同时，用户可以自行添加定义线管类型。

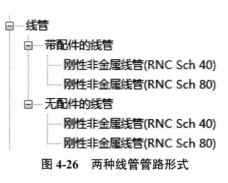

图 4-26　两种线管管路形式

添加或编辑线管的类型，可以单击"系统"选项卡→"线管"，在右侧出现的"属性"对话框中单击"编辑类型"按钮，弹出"类型属性"对话框，如图 4-27 所示。对"管件"中需要的各种配件的族进行载入。

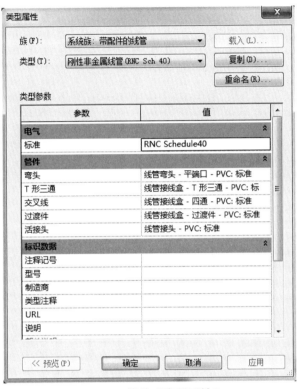

图 4-27　线管"类型属性"

（1）标准：通过选择标准决定线管所采用的尺寸列表，与"电气设置"→"线管设置"→"尺寸"中的"标准"参数相对应。

（2）管件：管件配置参数用于指定与线管类型配套的管件。通过这些参数可以配置在线管绘制过程中自动生成的线管配件。

4.2.2　线管设置

根据项目对线管进行设置。

在"电气设置"对话框中定义"电缆桥架设置"。单击"管理"选项卡→"MEP 设置"下拉列表→"电气设置"，在"电气设置"对话框的左侧面板中展开"线管设置"，如图 4-28 所示。

线管的基本设置和电缆桥架类似，这里不再赘述。但线管的尺寸设置略有不同，下面将着重介绍。

选择"线管设置"→"尺寸"，如图 4-29 所示，在右侧面板中就可以设置线管尺寸了。在右侧面板的"标准"下拉列表中，可以选择要编辑的标准；单击"新建""删除"按钮可创建或删除当前尺寸列表。

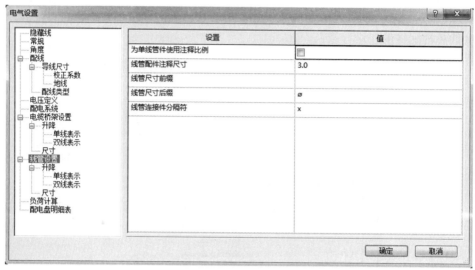

图 4-28　电缆桥架设置

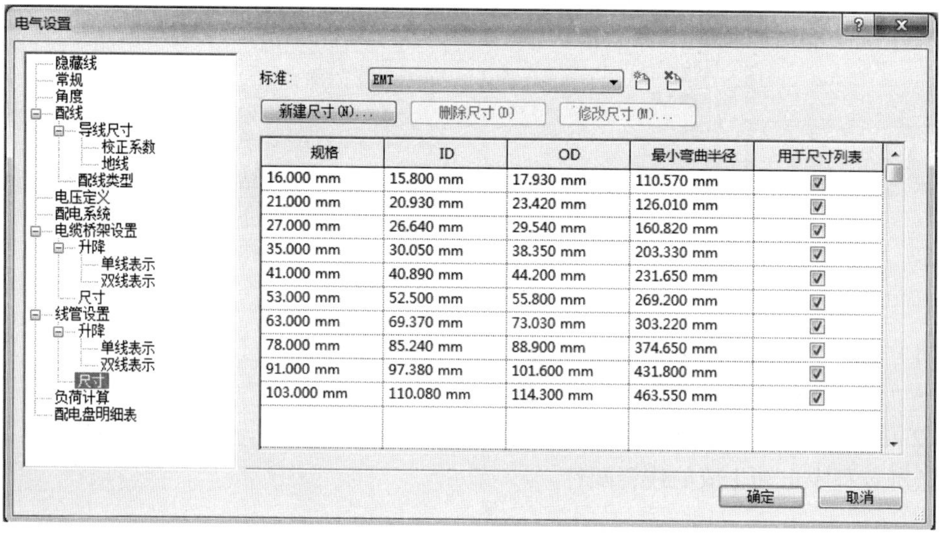

图 4-29　线管尺寸设置

　　目前 Revit MEP 软件自带的项目模板"机械样板"中线管尺寸默认创建了 5 种标准: RNC Schedule40、RNCSchedule80、EMT、RMC、IMC。其中，RNC（Rigid Nonmetallic Conduit, 非金属刚性线管）包括"规格 40"和"规格 80"PVC 两种尺寸。然后，在当前尺寸列表中，可以通过新建、删除、修改来编辑尺寸。ID 表示线管的内径。OD 表示线管的外径。最小弯曲半径是指弯曲线管时所允许的最小弯曲半径（软件中弯曲半径指的是圆心到线管中心的距离）。

　　新建的尺寸"规格"和现有列表不允许重复。如果在绘图区域已绘制了某尺寸的线管，该尺寸将不能被删除，需要先删除项目中的管道，然后才能删除尺寸列表中的尺寸。

4.2.3　绘制线管

在平、立、剖和三维视图中均可绘制水平、垂直和倾斜的线管。

1．基本操作

进入线管绘制模式的方式有以下几种：

（1）单击"系统"选项卡→"电气"→"线管"，如图 4-30 所示。

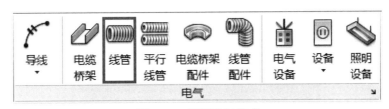

图 4-30　线管绘制模式

（2）选择绘制区已布置构件族的电缆桥架连接件，单击鼠标右键，在弹出的快捷菜单中选择"绘制线管"命令。

（3）直接键入快捷键 CN。

绘制线管的具体步骤与电缆桥架、风管、管道均类似，这里不再赘述。

2．带配件和无配件的线管

线管也分为"带配件的线管"和"无配件的线管"，绘制时要注意这两者的区别。"带配件的线管"和"无配件的线管"显示对比如图 4-31 所示。

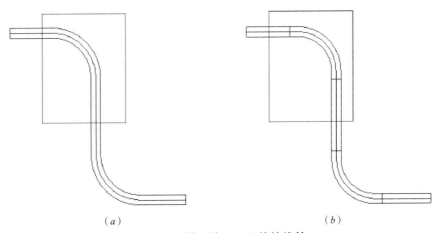

（a）　　　　　　　　　　　　　　　　　（b）

图 4-31　带配件和无配件的线管

（a）带配件的线管；（b）无配件的线管

3．"表面连接"绘制线管

"表面连接"是针对线管创建的一个全新功能。通过在族的模型表面添加"表面连接件"，在项目中实现从该表面的任何位置绘制一根或多根线管。以一个变压器为例（可以从本书中自带文件中载入），如图 4-32 所示，在其上表面、左 / 右表面和后表面都添加了"线管表面连接件"。

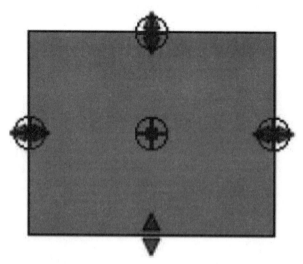

图 4-32　添加"线管表面连接件"

如图 4-33 所示，用鼠标右键单击某一个表面连接件，在弹出的快捷菜单中选择"从面绘制线管"命令，进入编辑界面，图 4-34 所示，可以随意修改线管在这个面的位置，单击"完成连接"按钮，即可从这个面的某一位置引出线管。使用同样的做法可以从其他面引出多路线管，如图 4-35 所示。类似地，还可以在楼层平面中，选择立面方向的"线管表面连接件"来绘制线管，如图 4-36 所示。

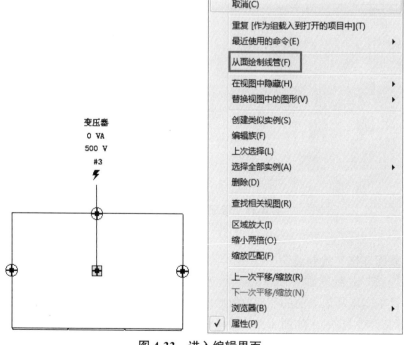

图 4-33　进入编辑界面

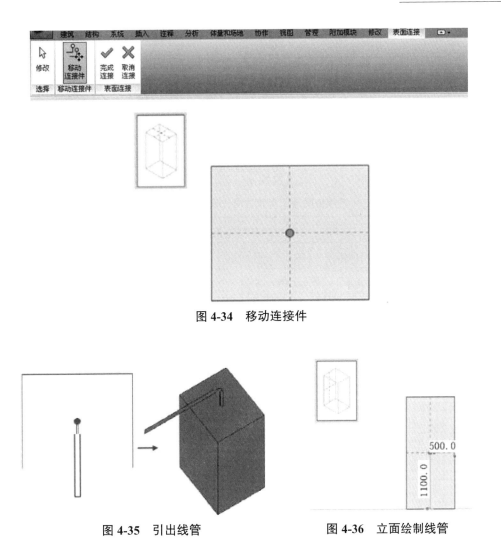

图 4-34　移动连接件

图 4-35　引出线管

图 4-36　立面绘制线管

4.2.4　线管显示

Revit MEP 的视图可以通过视图控制栏设置 3 种详细程度：粗略、中等和精细，线管在这 3 种详细程度下的默认显示如下：粗略和中等视图下线管默认为单线显示；精细视图下为双线显示，即线管的实际模型。在创建线管配件等相关族时，应注意配合线管显示特性，确保线管管路显示协调一致。

第5章 基于 Revit 设计的协同方式

基于 Revit 软件开展协同设计作业，应考虑到各专业之间的软件协同，主要分为：链接协同模式、工作集协同模式，对比见表 5-1。

链接协同与工作集协同优缺点对比

表 5-1

协同方式	优点	缺点
链接协同	文件相对较小，软件运行自如	文件间协同较慢
	各文件之间相互独立，调取自如，工作独立	文件相互独立，修改较慢
	不受网络环境限制，只需确保文件路径不变	数据调取存在问题，部分数据无法直接获取
		文件相互独立，协同效果不佳
工作集协同	文件统一，项目的整体把控、项目质量较好控制	网络环境要求较高，对硬件要求较高
	在不同的项目阶段，协调性都比较强	各个工作集之间有访问权限，对于交叉较多的专业（工作集）影响较大
	各专业、工作集之间模型数据无缝隙连接	工作集权限设置较复杂，问题较多
	权限保护各成员设计成果	若没有备份文件，文件一旦损坏，不易修复

5.1 工作集协同模式

在应用工作集模式之前首先要明白工作集的工作原理。工作集的工作原理是通过服务器创建中心文件，项目组成员通过中心文件创建本地文件，并在本地文件开展项目。通过项目同步的方式，项目组成员的工作成果都体现在中心文件中。但各个工作集之间具有权限的限制，来保护项目组成员的工作成果。

由于中心文件是创建在服务器上，然后项目组成员分别创建本地文件。中心文件和本地文件之间是通过绝对路径联系的。本地文件发生变化，同步后反应在中心文件中。其他成员的变化同步后也反映出在中心文件中。最终中心文件集合所有人的工作成果，然后反映在各个本地文件中。所以网络环境在协同工作中很重要。

在创建工作集之前，工作组成员应修改各自 Revit 软件用户名。如果同一台计算机上有多名用户登录到 Windows，则将当前登录 Windows 的用户名用作 Revit 用户名。

1. 在 Revit 中更改用户名

（1）单击 ![icon] ➤ "选项"。

（2）单击"常规"选项卡。

（3）在"用户名"中，指定用户名。

（4）单击"确定"。如图 5-1 所示。

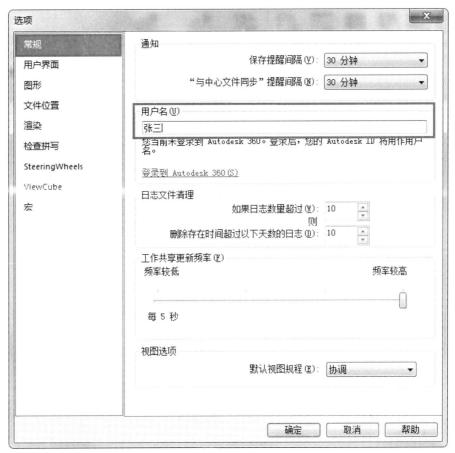

图 5-1　在 Revit 中更改用户名

2．启用和设置工作集

（1）创建工作集

单击"协作"选项卡下"管理协作"面板中的"工作集"按钮，弹出"工作共享"对话框，如图 5-2 所示。创建工作集是会默认创建一个"共享标高和轴网"和"工作集 1"。共享标高和轴网工作集中只包含标高和轴网；"工作集 1"中包含除了标高和轴网之外的所有图元。

在"工作集"对话框中，用户可以新建、删除、修改工作集。在工作集对话框中，有"活动工作集""用户创建""项目标准""族""视图"等，如图 5-3 所示。

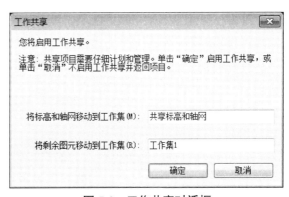

图 5-2　工作共享对话框

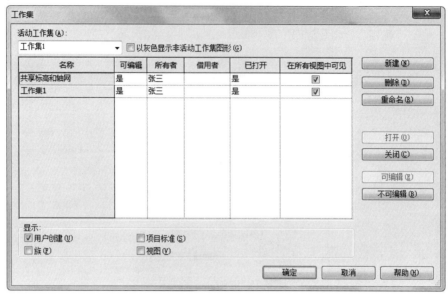

图 5-3 "工作集"设置

（2）活动工作集

"活动工作集"指的是当前激活的工作集。比如说当前活动工作集是"工作集 1"，在当前"活动工作集"状态下创建的图元都属于"工作集 1"。因此在绘制模型时应注意"活动工作集"选项。在绘制图元中，"活动工作集"可以在绘图区域正下方查看和修改，也可以在"协作"选项卡中查看和修改，如图 5-4 所示。

图 5-4 "活动工作集"设置

单击"新建"按钮，输入新工作集名称勾选或取消勾选"在所有试图中可见"选项，设置工作集的默认可见性和打开/关闭。选择工作集可进行"重命名"或"删除"操作。创建完工作集后，单击"确定"按钮，如图 5-5 所示。

图 5-5 新建工作集（一）

图 5-5　新建工作集（二）

（3）创建中心文件

在启用工作集后的第一次保存项目时，软件将默认勾选"保存后将此作为中心模型"，如图 5-6 所示。

图 5-6　创建中心文件

（4）创建本地文件

创建了中心文件后，项目经理必须放弃工作集的编辑权限，以便于项目组其他成员可以访问所需要的工作集。单击应用程序按钮，选择"打开"命令，找到中心文件保存路径，然后选择"×××项目中心文件"，软件会自动勾选"新建本地文件"选项，如图 5-7 所示。

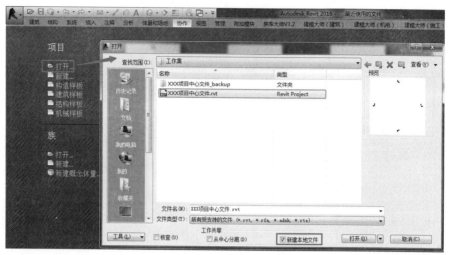

图 5-7　创建本地文件

创建好后的项目文件，文件名会自动改为"×××项目中心文件_张三"。单击"协作"选项卡下"管理协作"面板中的"工作集"按钮，弹出"工作集"对话框，选中不属于自己的工作集，在对话框右侧单击"不可编辑"按钮，签出工作集，如图 5-8 所示。

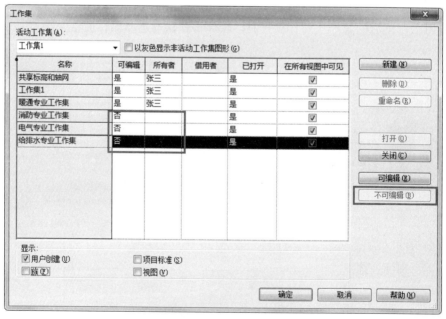

图 5-8　设置工作集

修改好后，点击"同步"按钮，弹出"与中心文件同步"对话框，确认无误后单击"确定"按钮，如图 5-9 所示。

将设置好工作集权限的文件另存为到本地，并修改文件名称。至此本地文件创建完毕。项目组其他成员按照以上操作，创建自己的本地文件，领取自己的工作集。

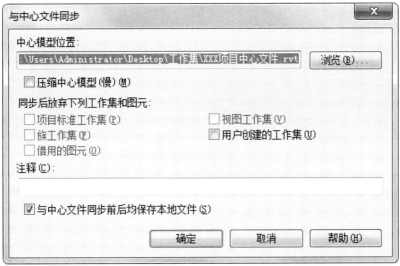

图 5-9　同步文件

5.2　链接文件协同模式

1．文件导入

单击"插入"选项卡下"链接"面板中的"链接 Revit"命令，选择需要链接的 Revit 文件。在"导入 / 链接 RVT"对话框中关于"定位"的选项如下：

（1）选择"定位""自动 - 原点到原点"时，会按照当前文件的原点对齐，如图 5-10 所示。

（2）选择"定位""自动 - 中心到中心"时，会按照当前文件的中心对齐。

（3）选择"定位""自动 - 通过共享坐标"时，如果链接文件与当前文件没有进行坐标共享的设置，则该选项无效，系统会以"中心到中心"的方式自动对齐链接文件。

图 5-10　文件定位导入（一）

图 5-10　文件定位导入（二）

2．管理链接

当导入了链接文件后，单击"管理"选项卡下"管理项目"面板中的"管理链接"命令，在弹出的"管理链接"对话框中，选择"Revit"选项卡进行设置，如图 5-11 所示。

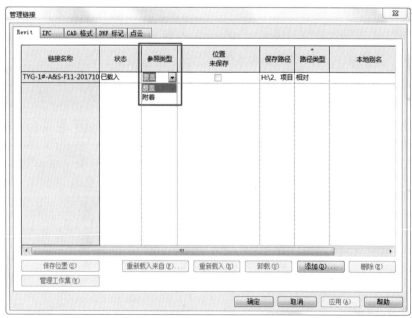

图 5-11　管理链接

在管理链接可见性设置中分别可以按照主题模型控制链接模型的可见性；可以将视图过滤器应用在主体模型的链接模型；可以标记链接文件的图元，但是房间、空间、和面积除外；可以从链接模型中的墙自动生成天花板网络。

"参照类型"的设置，在该栏的下拉选项中有"覆盖"和"附着"两个选项，如图 5-11 所示。选择"覆盖"不再如嵌套链接模型，选择"附着"则显示嵌套链接模型，如图 5-12 所示。

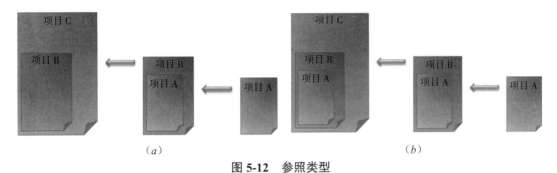

（a）　　　　　　　　　　　　　　　　　　　　（b）

图 5-12　参照类型

（a）覆盖式链接；（b）附着式链接

当连接文件被载入后，单击"管理"选项卡下"管理项目"面板中的"管理链接"命令，在弹出的"管理链接"对话框中选择"Revit"选项卡，会发现载入的链接文件存在，选择载入的文件会在窗口下方出现"重新载入来自""重新载入""卸载""添加"和"删除"命令，如图 5-13 所示。

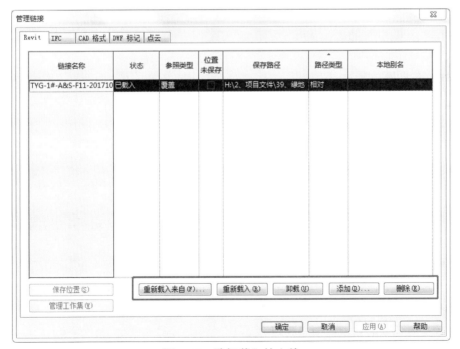

图 5-13　选择载入的文件

1）"重新载入来自"：用来对选定的链接文件进行重新选择来替换当前链接文件。

2）"重新载入"：用来重新从当前文件位置载入选中的链接文件。

3）"卸载"：用来删除所有链接文件在当前项目文件中的实例，但保存其文件路径、图元位置等信息。

4）"删除"：在删除了链接文件在当前项目文件中的实例的同时，也从"管理链接"对话框的文件列表中删除选中的链接文件。

5）"管理工作集"：用于在连接模型中打开和关闭工作集。

3．绑定

在视图中选定链接文件的实例，单击"链接"面板中出现的"绑定链接"按钮，可以将选中的链接文件中的图元以"组"的形式加载到当前项目文件中，如图 5-14 所示。

在绑定时会出现"绑定链接选项"对话框，用户可根据绑定模型的内容选择，如图 5-15 所示。

图 5-14　绑定链接

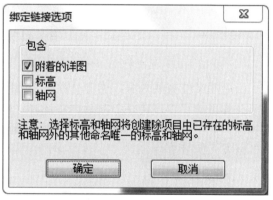

图 5-15　绑定链接选项

4．修改各视图显示

在导入链接文件的绘图区域单击鼠标右键，在弹出的快捷菜单中选择"属性"命令，在弹出的"属性对话框"中单击"可见性 / 图形替换"后的"编辑"按钮，在弹出的"可见性 / 图形替换"对话框中选择"Revit 链接显示设置"对话框中进行相应设置，如图 5-16 所示。

（1）"按主体视图"：选择此选项后，链接模型会按照主体视图中指定的可见性和图形替换显示。

（2）"按链接视图"：选择此选项后，链接模型会按照链接文件视图中设置的可见性和图形替换显示。

（3）"自定义"：选择此选项后，用户可以自行设置链接模型在主体视图中的现实；在选择"自定义"选项后点击"模型类别"，选择"自定义"，可控制链接模型类别在主模型中的显示情况。同样的方法，可以设置链接模型中"注释类别""分析模型类别""导入类别"在主模型视图中的显示，如图 5-17 所示。

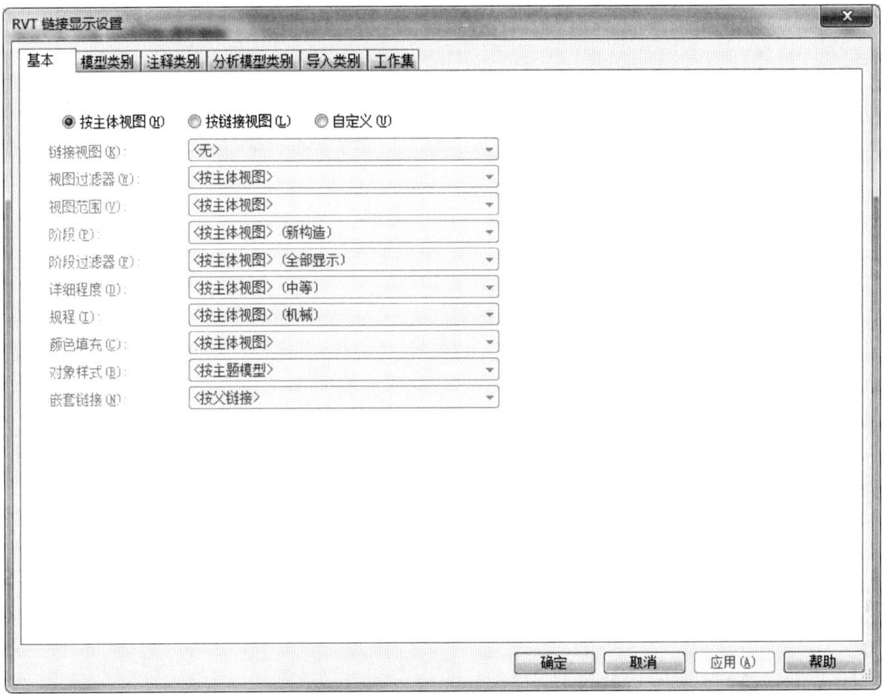

图 5-16　Revit 链接显示设置

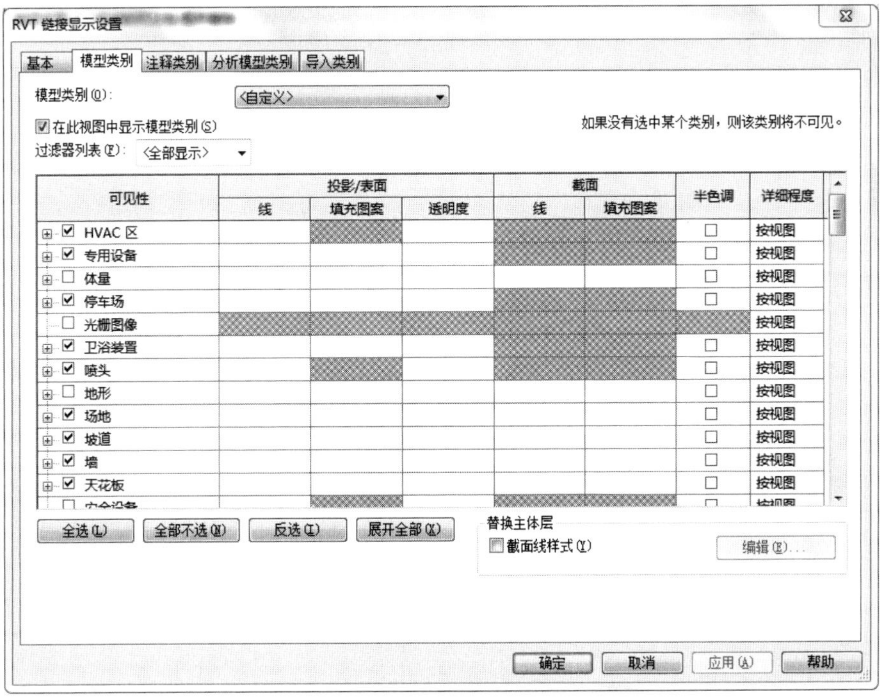

图 5-17　模型类型

第6章 碰撞检查，管线综合优化

在建筑、结构、机电等各专业模型搭建完成后，需要进行管线综合深化设计，找出并调整有碰撞的构件。用户可以通过 Revit MEP 软件自带的碰撞检查功能来查找，也可以通过另外一款 Navisworks 软件进行碰撞检查。本章将讲解碰撞检查功能应用和机电管线深化功能应用。

6.1 碰撞检查

碰撞检查的方式由两种，一种是 Revit MEP 软件自带功能，一种是利用 Navisworks 软件的碰撞检查功能。

6.1.1 Revit MEP 软件碰撞检查

1．选择图元

如果要对项目中部分图元进行碰撞检查，应先选择所需检查的图元。如果要检查整个项目中的图元，可以不选择任何图元，直接进入运行碰撞检查。

2．运行碰撞检查

选择所需进行碰撞检查的图元后，单击"协作"选项卡→"坐标"功能区中"碰撞检查"下拉列表→"运行碰撞检查"，弹出"碰撞检查"对话框，如图 6-1 和图 6-2 所示。如果在视图中选择了几类图元，则该对话框将进行过滤，可根据图元类别进行选择；如果未选择任何图元，则对话框将显示当前项目中的所有类别。

3．选择"类别来自"

在"碰撞检查"对话框中，分别从左侧的第一个"类别来自"和右侧的第二个"类别来自"下拉列表中选择一个值，这个值可以是"当前选择""当前项目"，也可以是链接的 Revit 模型，软件将检查类别 1 中图元和类别 2 中图元的碰撞，如图 6-3 所示。

图 6-1 选择"碰撞检查"

图 6-2　碰撞检查设置

图 6-3　选择"类别来自"

在检查和"链接模型"之间的碰撞时应注意以下几点：

（1）能检查"当前选择"和"链接模型（包括其中的嵌套链接模型）"之间的碰撞。

（2）能检查"当前项目"和"链接模型（包括其中的嵌套链接模型）"之间的碰撞。

（3）不能检查项目中两个"链接模型"之间的碰撞。一个类别选了链接模型后，另一个类别无法再选择其他链接模型。

4．选择图元类别

分别在类别 1 和类别 2 下勾选所需检查图元的类别。如图 6-4 所示，将检查当前项目中"机械设备""管件""管道"类别的图元和当前项目中"风管""风管管件""风管末端"类别的图元之间的碰撞。

图 6-4　选择图元类别

如图 6-5 所示，将检查当前项目中"管件""风管""风管管件"类别的图元和链接模型中"结构框架"类别的图元之间的碰撞。

5．检查冲突报告

完成以上步骤后，单击"碰撞检查"对话框右下角的"确定"按钮。如果没有检查出碰撞，则会显示一个对话框，通知"未检测到冲突"；如果有检查出碰撞，则会显示"冲突报告"对话框，该对话框会列出两两之间相互发生冲突的所有图元。例如，如果运行管道与风管的碰撞检查，则对话框会先列出管道类别，然后列出与管道有冲突的风管，以及两者对应的图元 ID 号，如图 6-6 所示。

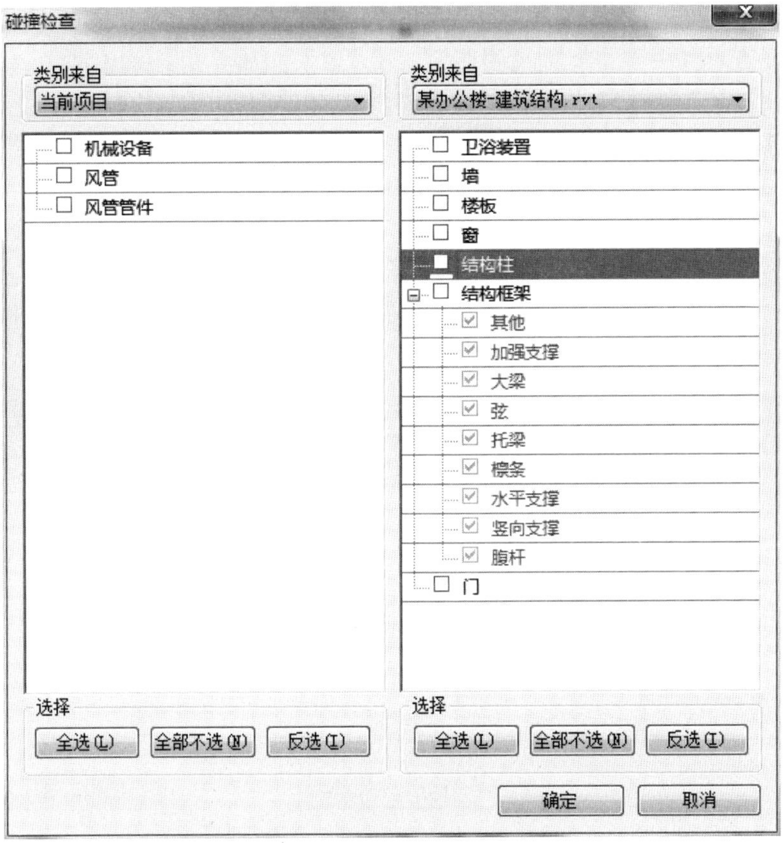

图 6-5　检查碰撞

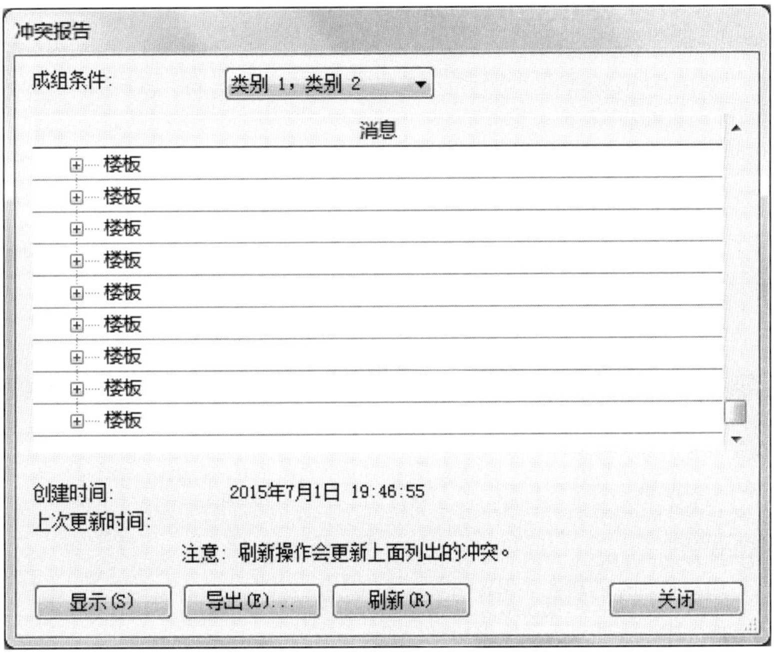

图 6-6　检查冲突报告

在"冲突报告"对话框中可进行以下操作。

显示：要查看其中一个有冲突的图元，在"冲突报告"对话框中选中该图元的名称，单击下方的"显示"按钮，该图元将在当前视图中高亮显示，如图 6-7 所示。要解决冲突，在视图中直接修改该图元即可。

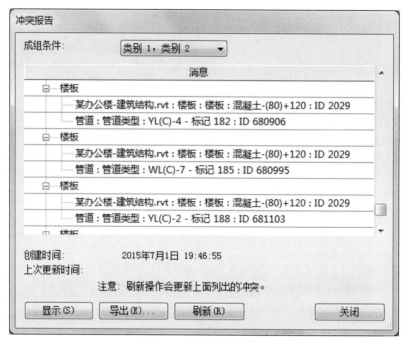

图 6-7　显示冲突图元

（1）刷新：解决冲突后，在"冲突报告"对话框中单击"刷新"按钮，则会从冲突列表中删除发生冲突的图元。注意"刷新"仅重新检查当前报告中的冲突，它不会重新运行碰撞检查。

（2）导出：可以生成 HTML 版本的报告。在"冲突报告"对话框中单击"导出"按钮，在弹出的对话框中输入名称，定位到保存报告的所需文件夹，然后再单击"保存"按钮。关闭"冲突报告"对话框后，要再次查看生成的上一个报告，可以单击"协作"选项卡→坐标功能区中"碰撞检查"下拉列表→"显示上一个报告"，如图 6-8 所示。该工具不会重新运行碰撞检。

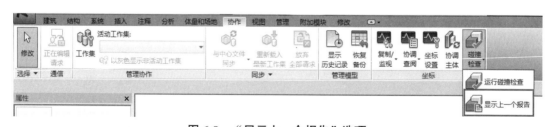

图 6-8　"显示上一个报告"选项

6.1.2　Navisworks 软件碰撞检查

1．Navisworks 软件软件介绍

Autodesk Navisworks Manage 软件是一个综合项目查看解决方案，可用于分析、模拟以及交流设计意图的软件。可以将建筑信息模型（BIM）、数字化样机和化工装置设计应用中创建的多学科设计数据合并成一个集成的项目模型。干扰管理工具和碰撞检测工具可帮助设计专家和施工专家在施工开始之前预见并避免潜在问题，从而尽可能减少代价昂贵的延期和返工。Navisworks Manage 将空间协调与项目进度表相结合，提供四维模拟和分析功能。可以用 NWD 和 DWF™文件格式发布和自由查看整个项目模型。

2．Revit MEP 模型导入到 Navisworks

在"Revit MEP"中打开机电管线模型文件，单击工具栏中"附加模块"，在弹出的"外部工具"下拉菜单中选择"Navisworks 2016"单击，如图 6-9 所示。打开"导出场景为..."对话框，接着点击"Navisworks 设置..."打开"Navisworks 编辑器 -Revit"活动窗口进一步设置。如图 6-10 所示。

图 6-9　选择"Navisworks 2016"

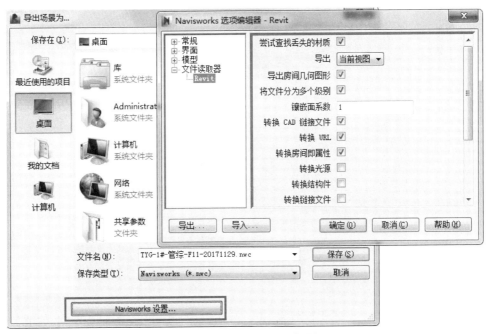

图 6-10　打开"Navisworks 编辑器 -Revit"

设置完成后，单击"确定"，选择要保存的路径，保存导出的".nwc"文件。至此在 Revit 中的设置就完成了。

注意：

（1）若土建模型文件是采用链接方式载入到机电综合文件中，则在导出".nwc"格式文件时，链接文件是无法同时导出。需要打开链接模型，然后再导出。

（2）在导出模型前，注意将隐藏的模型显示出来，同时删除导入的 CAD 文件。

接着打开刚刚导出的".nwc"格式文件，会自动启动"Autodesk Navisworks Manage"软件打开。进入主界面后，点击"常用"选项卡下"项目"面板中"附件"工具的下拉菜单中的"附加"命令，如图 6-11 所示。然后将其他链接文件的".nwc"格式文件利用"附加"命令，添加到本项目中，如图 6-12 所示。

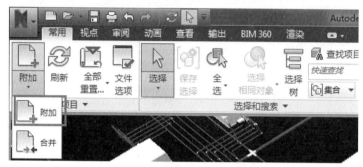

图 6-11 选择"附加"命令

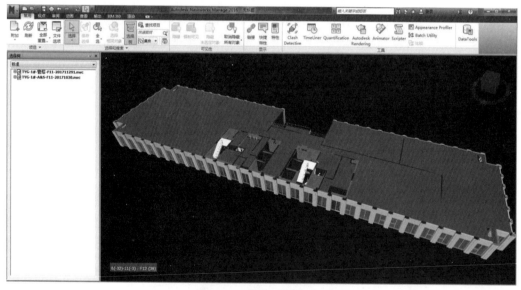

图 6-12 添加"附加"

3. 碰撞检测

点击"常用"选项卡"工具"面板中的"Clash Detective"命令。会弹出"Clash Detective"对话框。如图 6-13 所示。

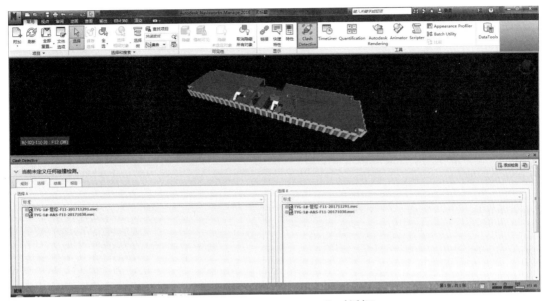

图 6-13　"Clash Detective"对话框

在"Clash Detective"对话框中，点击右上角" ![添加检测] "，"Clash Detective"对话框更新为"测试 1"，如图 6-14 所示。

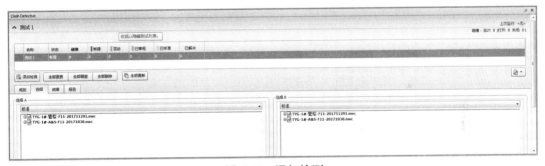

图 6-14　添加检测

"Clash Detective"对话框包含"规则""选择""结果""报告"功能栏。

（1）"规则"选项卡：用于定义和自定义要应用于碰撞检测的忽略规则。该选项卡列出了当前可用的所有规则。这些规则可用于使"Clash Detective"在碰撞检测期间忽略某个模型几何图形。可以编辑每个默认规则，并可以根据需要添加新规则。如图 6-15 所示。

（2）"选择"选项卡：可以通过一次仅检测项目集而不是针对整个模型本身进行检测来定义碰撞检测。使用它可以为当前在"测试"面板中选定的碰撞配置参数，如图 6-16 所示。

选择"A"和"选择 B"这两个窗格包含将在碰撞检测中以相互参照的方式进行测试的两个项目集的树视图。需要在每个窗格中选择项目。每个窗格的顶部都有一个下拉列表，该列表复制了"选择树"窗口的当前状态。

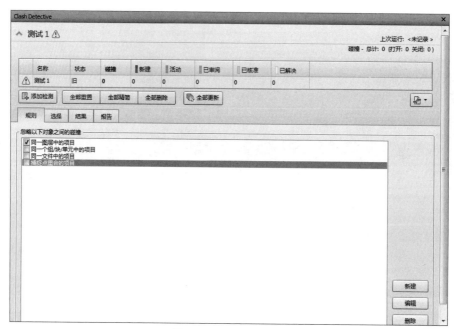

图 6-15　添加新规则

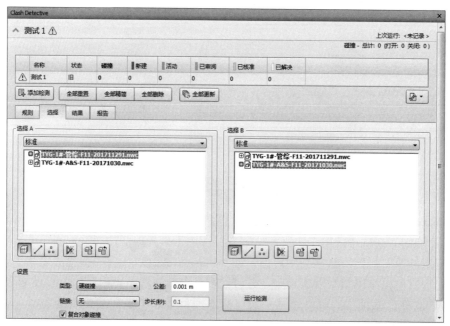

图 6-16　碰撞参数设置

按钮：几何图形类型按钮 - 碰撞检测可以包含选定项目的曲面、线和点的碰撞。

：使项目曲面碰撞。这是默认选项。

：使包含中心线的项目（例如，管道）碰撞。

：使（激光）点碰撞。

1）"自相交"按钮。如果除了针对另一个窗格中的几何图形选择测试该窗格中的几何图形选择外，还针对该窗格中的几何图形选择自身来进行测试。

2）"使用当前选择"按钮。可以直接在"场景视图"和"选择树"可固定窗口中为碰撞检测选择几何图形。

3）"在场景中选择"按钮。单击"在场景中选择"按钮可将"场景视图"和"选择树"可固定窗口中的焦点设置为与"选择"选项卡上"选择"窗格中的当前选择相同。

设置完成后，单击"运行检测"，对话框会自动切换到"结果"，并显示所有碰撞点。

（3）"结果"选项卡：能够以交互方式查看已找到的碰撞。它包含碰撞列表和一些用于管理碰撞的控件。可以将碰撞组合到文件夹和子文件夹中，从而使管理大量碰撞或相关碰撞的工作变得更为简单，如图 6-17 所示。

图 6-17　查看已找到的碰撞

（4）"报告"选项卡：可以设置和写入包含选定测试中找到的所有碰撞结果的详细信息的报告，如图 6-18 所示。

从下拉列表中选择报告格式：

XML：创建一个 XML 文件。

HTML：创建 HTML 文件，其中碰撞按顺序列出。

HTML（表格）：创建 HTML（表格）文件，其中碰撞检测显示为一个表格。可以在 Microsoft Excel 2007 及更高版本中打开并编辑此报告。

文本：创建一个 TXT 文件。

作为视点：在"保存的视点"可固定窗口（当运行报告时会自动显示此窗口）中创建一个名为 [测试名称] 的文件夹。该文件夹包含保存为视点的每个碰撞，以及用于描述碰撞的附加注释。

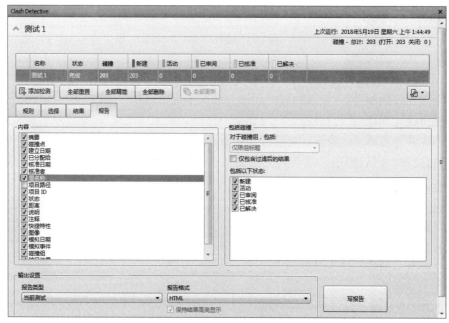

图 6-18 "报告"选项卡

相关设置完成后，点击"导入 / 导出碰撞检测"→"导出碰撞检测"，如图 6-19 所示。

图 6-19 导出碰撞测试

6.2 管线综合优化

管线综合优化就是在模型文件中，将同一个建筑空间内各专业管线、设备进行整合汇总，并根据不同专业管线的功能要求、施工安装要求、运营维护要求，结合建筑结构设计和室内装修设计的限制条件，对管线与设备布置进行统筹协调的过程。

管线综合优化原则

综合管线涉及各专业管线在水平及标高上的布置，当管道发生冲突时，按照规范要求合理避让，充分考虑管道安装空间、检修空间的预留预埋和安装汇总的安全因素，主要避让原则如下：

（1）压力管道避让重力自流管道。

（2）管径小的管线避让管径大的管线。

（3）易弯曲的管线避让不易弯曲的管线。

（4）工程量小的管线避让工程量大的管线。

（5）新建的管线避让现有的管线。

（6）检修次数少的和方便的管线避让检修次数多的和不方便的管线。

6.3 生成预留洞口

管线优化完成后，可以依据调整好的管线位置，在建筑、结构中开洞，为建筑、结构专业施工提供条件。

Revit MEP 软件没有管线自动开洞的功能，但国内基于 Revit 软件平台开发的本地化插件产品有此功能，极大方便用户使用。在此节中我们应用橄榄山软件进行讲解。

安装好橄榄山软件后，在 Revit MEP 软件中会自动添加橄榄山软件功能，包括"橄榄山快模 - 免费版""快图""GLS 土建""GLS 机电""GLS 免费族库"等。管线自动开洞功能在"GLS 土建"面板下，如图 6-20 所示。

图 6-20 "GLS 土建"面板

6.3.1 墙上开洞

1．功能

（1）为模型中穿墙的水管、风管、桥架进行开洞。

（2）自定义选择是否添加套管，支持自定义修改套管的计算规则。

（3）支持链接模型。

2. 使用方法

在"GLS 土建"选项卡中的"开洞"面板启动"墙上开洞"工具，如图 6-21 所示。

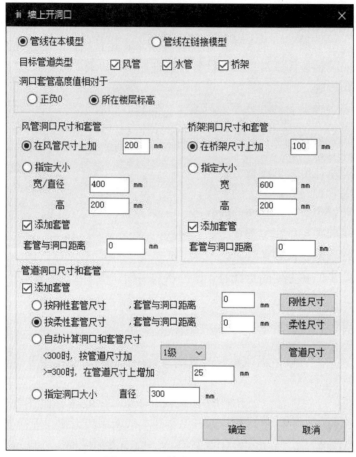

图 6-21 "墙上开洞"工具

选择管线是在本模型还是在链接模型中（这里允许管线作为链接模型，但不支持将土建模型链接到管线模型中进行操作）。

选择需要进行开洞的管道类型：风管、水管、桥架。"洞口套管高度值相对于"：选择生成的洞口以及套管的相对高度表达值。

"风管洞口尺寸和套管"：设置洞口大小有两种方式，可以根据自己需要进行选择在风管/桥架尺寸上加一定数值。自定义指定洞口大小（宽/高）。

若需要为当前管道添加套管，则可以直接勾选"添加套管"选项，同时指定洞口与套管之间的距离。

"桥架洞口尺寸和套管"：与风管洞口尺寸和套管的设置方式相同。

"管道洞口尺寸和套管"：选择是否需要为管道添加套管，若需要生成套管，则勾选"添加套管"选项即可，反之则不勾选。

生成洞口有以下 4 种方式（这里将按照不生成套管方式讲解即不勾选"添加套管"选项，生成套管的洞口计算规则与之相同，区别仅在于是否生成套管）。

（1）"按刚性套管尺寸"：此时程序将会首先计算套管大小，再根据套管与洞口距离来计算洞口大小，最后将不生成套管，只生成洞口。例如，此时要为直径为 150 的管道进行墙上开洞，选择"按照刚性套管尺寸"，设置套管与洞口距离为 20，单击"刚性尺寸"按键，查看计算规则，如图 6-22 所示。

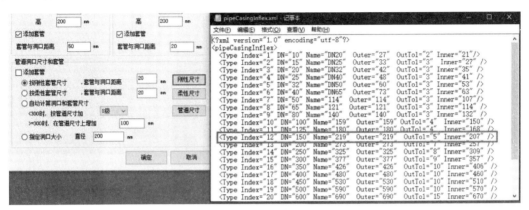

图 6-22　计算规则

可以看到，当管径为 150 的时候，将会生成外径为 219 的套管，由于设置了套管与洞口之间距离为 20，所以，将在外径为 219 的基础之上增加 20×2 的距离来作为洞口尺寸，也就是219+20×2=259。由于勾选掉了"添加套管"选项，所以这里将不生成套管，如图 6-23 所示。

图 6-23　无套管效果

（2）"按柔性套管尺寸"：此时程序将会首先计算套管大小，再根据套管与洞口距离来计算洞口大小，最后将不生成套管，只生成洞口。例如，此时要为直径为 150 的管道进行墙上开洞，选择"按柔性套管尺寸"，设置套管与洞口距离为 20，单击"柔性尺寸"按键，查看计算规则，如图 6-24 所示。

可以看到，当管径为 150 的时候，将会生成外径为 203 的套管，由于设置了套管与洞口之间距离为 20，所以，将在外径为 219 的基础之上增加 20×2 的距离来作为洞口尺寸，也就是 203+20×2=243。由于勾选掉了"添加套管"选项，所以这里将不生成套管。

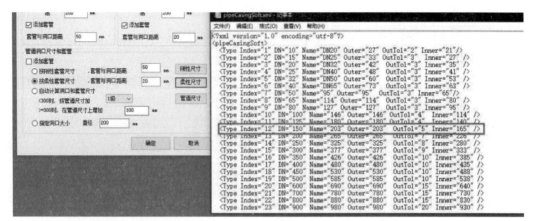

图 6-24　计算规则

（3）"自动计算洞口和套管尺寸"：当开洞的管道尺寸小于 300 的时候，可以选择 1 级或者 2 级来为其添加洞口，不同级别对应生成的洞口尺寸将不相同（其计算方式与前两种方式相同，不过此种方式默认洞口与管道之间的距离为 0，也就是说会按照套管的尺寸大小生成洞口），如图 6-25、图 6-26 所示。

图 6-25　自动计算尺寸

单击"管道尺寸"按键来查看计算规则。

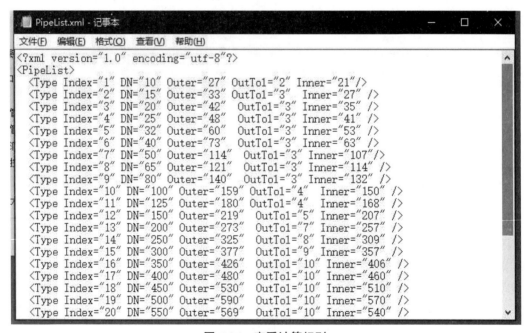

图 6-26　查看计算规则

1 级将按照计算规则中开洞管道直径向下推一的管道直径来进行开洞，2 级则是按照当前管道直径向下推二进行开洞。例如：要为直径为 150 的管道进行墙上开洞，选择"自动计算洞口和套管尺寸"，若选择 1 级，则会按照直径为 200 的管道生成洞口也就是直径为 273；若选择 2 级，则会按照直径为 250 的管道计算生成洞口。

（4）"指定洞口大小"：可以直接为洞口指定大小，如图 6-27 所示。

图 6-27　指定洞口大小

设置完成后单击确定，选择需要进行开洞的管道，这里支持框选，然后单击选项栏中的完成按键即可，如图 6-28、图 6-29 所示。

注意

①步骤 4 中对风管的洞口设置中，若选择"在风管 / 桥架尺寸上加一定数值"选项，则需要注意这里"在风管尺寸上加"指的是在管道整体尺寸上加，并不是在管道外壁与洞口之间的距离，例如，若风管高度为 300，在风管尺寸上加 200，那洞口高度就为 500，洞口与风管边缘之间距离为 100，如图 6-30 所示。

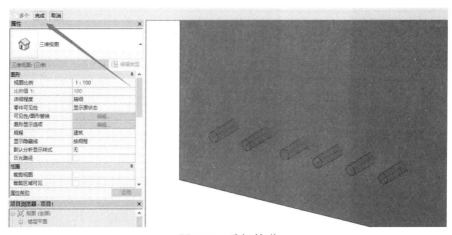

图 6-28　选择管道

图 6-29　完成管道绘制（一）

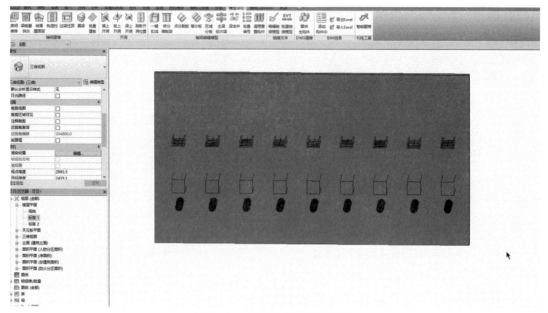

图 6-29　完成管道绘制（二）

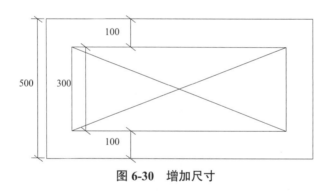

图 6-30　增加尺寸

②设置对话框中"刚性套管"和"柔性套管"所显示的计算规则文本支持自定义修改，用户可以自行修改并保存，则下次程序会按照新的计算方式进行计算。套管计算规则的文本档中可以通过修改、添加内容来更改套管的计算规则。例如现需要为直径 150 的管道添加刚性套管，程序默认提供的计算规则中，对于管径为 150 的管道，将会添加外径为 219 的套管，如下图所示，若现需要自动对于管径 150 的管道添加管径为 230 的套管，则可以直接修改文本中的 Outer="230"，保存当前文本即可。

6.3.2　板上开洞

1．功能

（1）为模型中穿板的水管、风管、桥架进行开洞。

（2）自定义选择是否添加套管，支持自定义修改套管的计算规则。

（3）支持连接模型。

2．使用方法

（1）在【GLS 土建】选项卡中的【开洞】面板启动【板上开洞】工具，如图 6-31 所示。

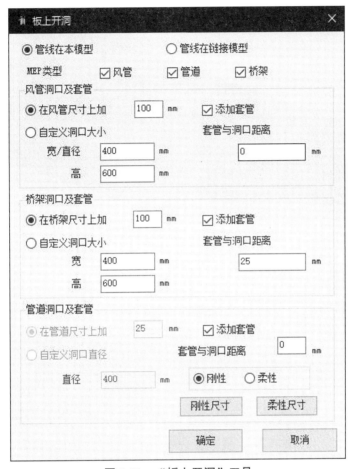

图 6-31　"板上开洞"工具

（2）选择管线是在本模型还是在链接模型中（这里允许管线作为链接模型，但不支持将土建模型链接到管线模型中进行操作）。

（3）"选择需要进行开洞的管道类型"：风管、水管、桥架。

（4）"风管洞口及套管"：设置洞口大小有两种方式，可以根据自己需要进行选择在风管 / 桥架尺寸上加一定数值。自定义指定洞口大小（宽 / 高）。

若需要为当前管道添加套管，则可以直接勾选"添加套管"选项，同时指定洞口与套管之间的距离。

（5）"桥架洞口尺寸和套管"：与风管洞口尺寸和套管的设置方式相同。

（6）"管道洞口及套管"：若需要添加套管，则勾选"添加套管"选项即可，当勾选添加套管后，左侧设置洞口选项将会灰显，此时需设定套管与洞口距离，程序将会首先计算套管尺寸，并依据套管与洞口之间距离来计算洞口尺寸。套管的添加规则依据添加的类型不同而不同，可以分别点击"刚性尺寸"和"柔性尺寸"两个选项来查看刚性套管与柔性套管的添加规则。支持自定义修改添加规则。

（7）单击对话框中的"确定"按键，选择需要进行开洞操作的管道，支持框选。选择完成后单击选项栏中的"完成"按键即可。如图 6-32 所示。

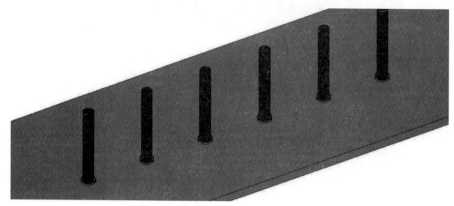

图 6-32　选择管道

3．注意

（1）为穿板的管道添加套管后，会自动向上延伸一部分距离，用户可以根据自己的需要修改延伸的长度，同时可以修改向下延伸的长度，如图 6-33 所示。

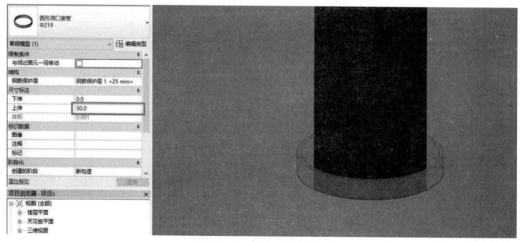

图 6-33　修改延伸长度

（2）步骤 6 中套管的计算规则，以及对计算规则的添加和修改可以参考墙上开洞中的相关讲解。

6.3.3　梁上开洞

1．功能

（1）为模型中穿梁的水管进行开洞。

（2）自定义选择是否添加套管，支持自定义修改套管的计算规则。

（3）支持连接模型。

2．使用方法

（1）在【GLS 土建】选项卡中的【开洞】面板启动【梁上开洞】工具，如图 6-34 所示。

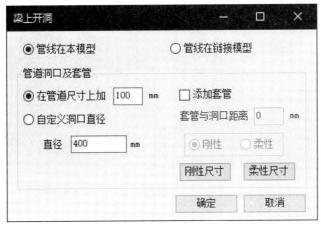

图 6-34　梁上开洞

（2）选择管线是在本模型还是在链接模型中（这里允许管线作为链接模型，但不支持将土建模型链接到管线模型中进行操作）。

（3）管道洞口及套管设置：若需要添加套管，则勾选"添加套管"选项即可，当勾选添加套管后，左侧设置洞口选项将会灰显，此时需设定套管与洞口距离，程序将会首先计算套管尺寸，并依据套管与洞口之间距离来计算洞口尺寸。套管的添加规则依据添加的类型不同而不同，可以分别点击"刚性尺寸"和"柔性尺寸"两个选项来查看刚性套管与柔性套管的添加规则。支持自定义修改添加规则。

（4）单击对话框中的"确定"按键，选择需要进行开洞操作的管道，支持框选。选择完成后单击选项栏中的"完成"按键即可，如图 6-35、图 6-36 所示。

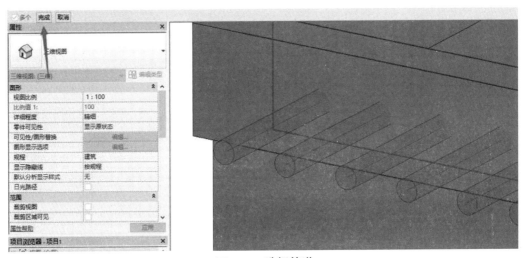

图 6-35　选择管道

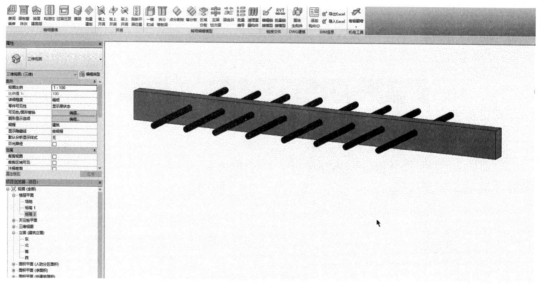

图 6-36　效果图

3．注意

（1）本工具仅支持对水管的开洞操作。

（2）步骤 3 中套管的计算规则，以及对计算规则的添加和修改可以参考墙上开洞中的相关讲解。

第7章　明细表应用

在 Revit MEP 中，明细表是统计工程量的重要组成部分。通过创建明细表，用户可以从创建的 Revit MEP 模型中统计出各专业工程量数据。且在 Revit MEP 中明细表与模型关联，明细表中的数据随着模型的变化而变化。明细表的应用多种多样，本章节主要讲解明细表的创建、修改和明细表输出，以及创建房间明细表等。

7.1　明细表创建

单击"视图"选项卡下"创建"面板中的"明细表"下拉按钮，在弹出的下拉列表中选择"明细表 / 选择"命令，在弹出的"新建明细表"对话框中选择要统计的构件类别，例如水管。设置明细表名称，选择"建筑构件明细表"，设置明细表应用阶段，单击"确定"按钮，如图 7-1 所示。

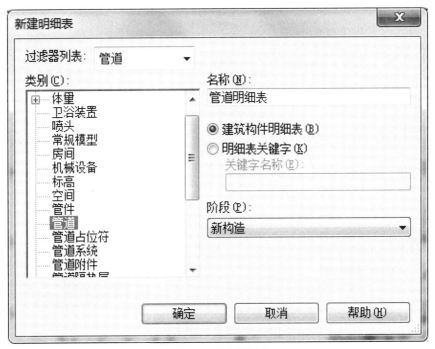

图 7-1　新建明细表

也可以在项目浏览器中的"明细表 / 数量"栏右键，选择"新建明细表 / 数量"打开"新建明细表对话框"，如图 7-2 所示。

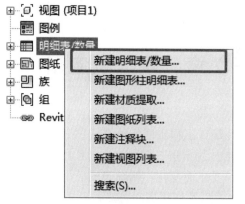

图 7-2　"新建明细表"对话框

　　"字段"选项卡：从"可用的字段"列表框中选择要统计的字段，单击"添加"按钮移动到"明细表字段"列表中，利用"上移""下移"命令调整字段顺序，如图 7-3 所示。

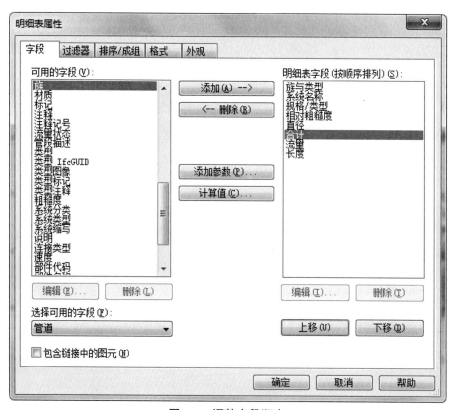

图 7-3　调整字段顺序

　　"过滤器"选项卡：可以按照设置过滤的条件统计符合条件要求的构件，不设置则统计全部构件，如图 7-4 所示。

　　"排序 / 成组"选项卡：包含"排序方式""总计"和"逐项列举每个实例"等选项，如图 7-5 所示。

图 7-4　"过滤器"选项卡

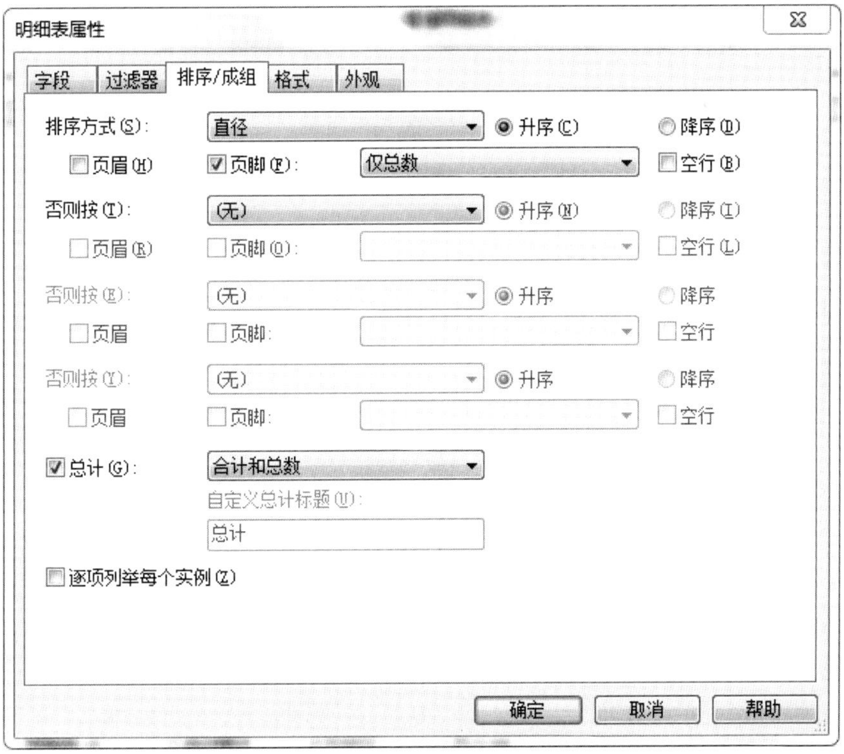

图 7-5　"排序 / 成组"选项卡

"格式"选项卡：设置字段在表格中标题名称（字段和标题名称可以不同，如"类型"可以修改为"管道类型"）、方向、对齐方式，字段格式、条件格式等，如图 7-6 所示。详细说明见表 7-1。

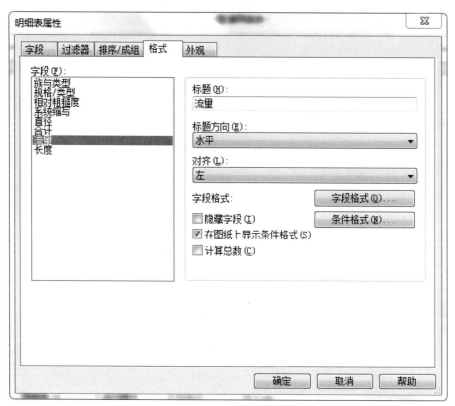

图 7-6   "格式"选项卡

目标及操作   表 7-1

目标	操作
编辑明细表列上方显示的标题	选项要在"标题"文本框中显示的字段。可以编辑每个列名
只指定列标题在图纸上的方向	选择一个字段，然后选择一个方向选项作为"标题方向"
对齐列标题下的行中的文字	选择一个字段，然后从"对齐"下拉菜单中选择对齐选项
设置数值字段的单位和外观格式	选择一个字段，然后单击"字段格式"。将打开"格式"对话框。清除"使用项目设置"并调整数值格式
显示组中数值列的小计	选择该字段，然后选择"计算总数"。此设置只能用于可计算总数的字段，如房间面积、成本、合计、或房间周长。如果在"排序 / 成组"选项卡中清除了"总计"选项，则不会显示总数
隐藏明细表中的某个字段	选择该字段，再选择"隐藏字段"。如果要按照某个字段对明细表进行排序，但又不希望在明细表中显示该字段时，该选项很有用
将字段的条件格式包含在图纸上	选择该字段，然后选择"在图纸上显示条件格式"。格式将显示在图纸中，也可以打印出来
基于一组条件高亮显示明细表中的单元格	选择一个字段，然后单击"条件格式"。在"条件格式"对话框中调整格式参数

"外观"选项卡：设置表格线宽、标题和正文文字字体与大小，单击"确定"，如图 7-7 所示。

图 7-7 "外观"选项卡

7.2 创建嵌套明细表

在 Revit MEP 中，用户可以创建嵌套明细表。嵌套明细表，只能在房间、空间明细表中出现。下面将以房间明细表为例，讲解创建嵌套明细表功能。

单击"视图"选项卡下"创建"面板中的"明细表"下拉按钮，在弹出的下拉列表中选择"明细表/选择"命令，在弹出的"新建明细表"对话框中选择"房间"类别。设置明细表名称，选择"建筑构件明细表"，设置明细表应用阶段，单击"确定"按钮，如图 7-8 所示。

在"明细表属性"对话框中单击"内嵌明细表"，勾选"内嵌明细表"选项，如图 7-9 所示。在类别下拉选项中，选择要统计的类别，单击"确定"。如要统计"门"类别，在类别下拉选项中选中"门"类别后，单击下方"内嵌明细表属性"，弹出"明细表属性"对话框，在"可用字段"下拉列表中选择需要统计的字段内容，添加到右侧"明细表字段"中，如图 7-9 所示。单击两次"确定"后，明细表创建完成，如图 7-10 所示。此时，需要对明细表进行修改，在明细表属性面板中单击"排序/成组"后面的"编辑..."，弹

設備工程 BIM 应用

出"明细表属性"对话框，修改"排序／成组"设置，如图 7-11 所示，单击确定后，如图 7-12 所示。

图 7-8 "明细表属性"选项卡

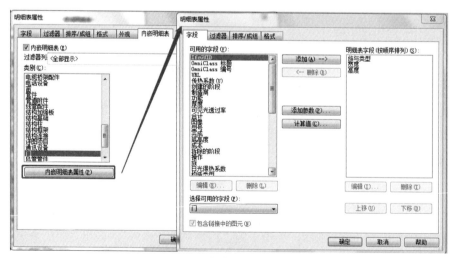

图 7-9 "内嵌明细表"选项

140

〈房间明细表〉		
A	B	C
名称	面积	合计
族与类型	宽度	高度
房间2	307	1
双开门带门槛: FM	900	2000
双开门带门槛: FM	900	2000
A-平开门-双扇: M	1400	2400
房间1	160	1
A-平开门-双扇: M	1400	2400
A-平开门-双扇: M	1400	2400
房间3	173	1
A-平开门-双扇: M	1400	2400
房间4	32	1
双开门带门槛: FM	600	2000
房间7	160	1
A-平开门-双扇: M	1400	2400
A-平开门-双扇: M	1400	2400
房间8	307	1
双开门带门槛: FM	900	2000
双开门带门槛: FM	900	2000
A-平开门-双扇: M	1400	2400
房间6	173	1
A-平开门-双扇: M	1400	2400
A-平开门-双扇: M	1400	2400
房间5	197	1
单开门带门槛: FM	900	1800
A-平开门-双扇: M	1400	2400
A-平开门-双扇: M	1400	2400
A-平开门-双扇: M	1400	2400
A-防火卷帘-中装	13100	3000
电梯门_双开: DT	1300	2200
电梯门_双开: DT	1300	2200
电梯门_双开: DT	1300	2200
电梯门_双开: DT	1300	2200
电梯门_双开: DT	1300	2200
电梯门_双开: DT	1300	2200
电梯门_双开: DT	1300	2200
A-防火门-双扇-侧	1500	2100

图 7-10　房间明细表

图 7-11　修改"排序 / 成组"设置

<房间明细表>		
A	B	C
名称 族与类型	面积 宽度	合计 高度
房间1	160	1
A-平开门-双扇: M	1400	2400
A-平开门-双扇: M	1400	2400
1		
房间2	307	1
双开门带门槛: FM	900	2000
双开门带门槛: FM	900	2000
A-平开门-双扇: M	1400	2400
1		
房间3	173	1
A-平开门-双扇: M	1400	2400
1		
房间4	32	1
双开门带门槛: FM	600	2000
1		
房间5	197	1
单开门带门槛: FM	900	1800
A-平开门-双扇: M	1400	2400
A-平开门-双扇: M	1400	2400
A-平开门-双扇: M	1400	2400
A-防火卷帘-中装:	13100	3000
电梯门_双开: DT	1300	2200
电梯门_双开: DT	1300	2200
电梯门_双开: DT	1300	2200
电梯门_双开: DT	1300	2200
电梯门_双开: DT	1300	2200
电梯门_双开: DT	1300	2200
A-防火门-双扇-侧	1500	2100
1		
房间6	173	1
A-平开门-双扇: M	1400	2400
A-平开门-双扇: M	1400	2400

图 7-12　完成后效果

注意：若想统计房间内的族构件，需要在族编辑器中勾选"房间计算点"选项，如图 7-13 所示。

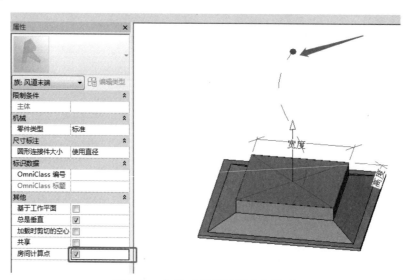

图 7-13　勾选"房间计算点"选项

7.3 创建共享参数明细表

使用共享参数可以将自定义参数添加到族构件中进行统计。

1. 创建共享参数文件

单击"管理"选项卡下"设置"面板中的"共享参数"命令,弹出"编辑共享参数"对话框,如图 7-14 所示。单击"创建",在弹出的对话框中设置共享参数文件的保存路径和名称,单击"保存",如图 7-15 所示。

图 7-14 "编辑共享参数"对话框

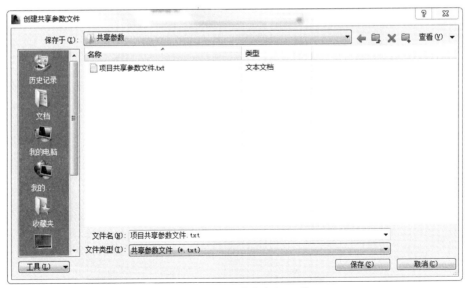

图 7-15 创建共享参数文件

单击"组"选项区域的"新建"，在弹出的对话框中输入组名称，创建参数组；单击"参数"选项区域的"新建"，在弹出的对话框中设置参数的名称、类型，给参数组添加参数，单击"确定"创建共享参数文件，如图 7-16 所示。

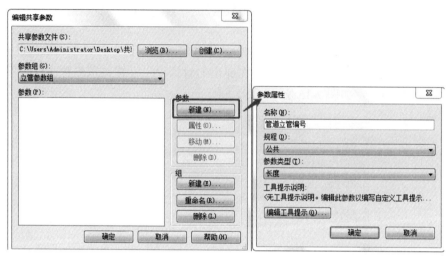

图 7-16　创建共享参数文件

2. 将共享参数添加到族文件

新建族文件时，在"族类型"对话框中添加参数时，选择"共享参数"，然后单击"选择"即可为构件添加共享参数并设置其参数值，如图 7-17、图 7-18 所示。

图 7-17　设置参数值

图 7-18 "共享参数"对话框

为构件族添加完共享参数后，将其载入到项目文件中，在进行明细表统计时就可以统计处共享参数中的信息。

3．明细表的导出

在 Revit MEP 软件中，可以将明细表导出到图纸（.dwg）、导出明细表数据文件（.txt）、导出为视图文件（.rvt）等。另外利用插件可以将明细表导出为表格（.xlsx）。

7.4 将明细表导出到图纸

将创建好的明细表直接拖拽到图纸中。双击已创建好的图纸，进入图纸视图，将"管道明细表"直接拖拽至图纸视图中，如图 7-19 所示。

管道明细表			
系统类型	直径	长度	合计
F-室内消火栓	65 mm	1.10 m	7
F-室内消火栓	100 mm	28.36 m	14
21		29.46 m	
F-自动喷水	25 mm	364.07 m	298
F-自动喷水	32 mm	239.88 m	113
F-自动喷水	40 mm	24.12 m	16
F-自动喷水	50 mm	34.79 m	19
F-自动喷水	65 mm	20.94 m	21
F-自动喷水	80 mm	30.79 m	12
F-自动喷水	100 mm	20.87 m	5
F-自动喷水	150 mm	53.70 m	25
509		789.15 m	
H-空调冷凝水	20 mm	229.08 m	230
H-空调冷凝水	25 mm	115.26 m	50
H-空调冷凝水	32 mm	19.15 m	7
287		363.48 m	
H-空调冷热水供水	65 mm	3.68 m	3
H-空调冷热水供水	80 mm	1.74 m	2
H-空调冷热水供水	200 mm	3.84 m	2
7		9.27 m	

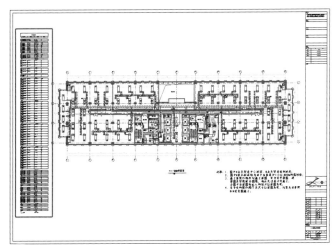

图 7-19 拖拽图纸

选中"管道明细表"，可以拖拽明细表控制点，修改列宽，如图 7-20 所示。

管道明细表			
系统类型	直径	长度	合计
F-室内消火栓	65 mm	1.10 m	7
F-室内消火栓	100 mm	28.36 m	14
21		29.46 m	
F-自动喷水	25 mm	364.07 m	298
F-自动喷水	32 mm	239.88 m	113
F-自动喷水	40 mm	24.12 m	16
F-自动喷水	50 mm	34.79 m	19
F-自动喷水	65 mm	20.94 m	21
F-自动喷水	80 mm	30.79 m	12
F-自动喷水	100 mm	20.87 m	5
F-自动喷水	150 mm	53.70 m	25
509		789.15 m	
H-空调冷凝水	20 mm	229.08 m	230
H-空调冷凝水	25 mm	115.26 m	50
H-空调冷凝水	32 mm	19.15 m	7
287		363.48 m	
H-空调冷热水供水	65 mm	3.68 m	3
H-空调冷热水供水	80 mm	1.74 m	2
H-空调冷热水供水	200 mm	3.84 m	2
7		9.27 m	

图 7-20 "管道明细表"

7.5 导出明细表数据文件

打开要导出的明细表，在应用程序菜单中选择"导出""报告""明细表"命令，在"导出"对话框中指定明细表的名称和路径，单击"保存"，将该文件保存为分隔符文本。

在"导出明细表"对话框中设置明细表外观和输出选项，单击"确定"，完成导出，如图 7-21 所示。

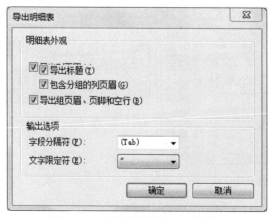

图 7-21 "导出明细表"对话框

7.6　导出为视图文件

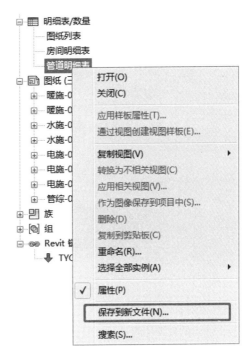

图 7-22　保存到新文件

在 Revit MEP 软件中，明细表是视图的一种形式，可以将明细表作为视图导出为一个单独的".rvt"文件。也可以把单独的视图文件（.rvt）导入到其他项目文件中。

1．明细表视图导出

（1）在项目浏览器的明细表视图名称上单击鼠标右键，再单击"保存到新文件"，如图 7-22 所示。

（2）在"另存为"对话框中，输入文件的名称，然后单击"保存"，如图 7-23 所示。

该操作保存的是明细表的格式，而不是实际的明细表构件。

2．将明细表导入到项目文件

使用另一个项目以前保存的视图来避免重新创建明细表视图。

图 7-23　输入文件名称

（1）单击"插入"选项卡 ➤ "导入"面板 ➤ "从文件插入"下拉列表 ➤ "插入文件中的视图"，如图 7-24 所示。

（2）选择包含要插入的视图的 Revit 项目，然后单击"打开"。

（3）"插入视图"对话框将列出与项目一起保存的视图。

（4）从列表中选择要显示的视图，如图 7-25 所示。

图 7-24　插入视图

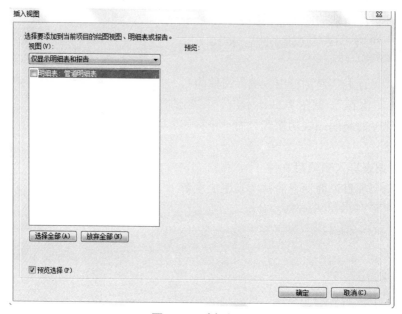

图 7-25　选择视图

（5）检查要插入的视图，然后单击"确定"。

此时在项目浏览器中创建了一个新的明细表视图，该明细表视图具有已保存的原明细表的全部格式，以及可能已为该明细表自定义的所有参数字段。

7.7　明细表导出表格

Revit MEP 软件本身没有此功能，用户可以依托插件将明细表直接导出至表格。此方法相对于软件自带明细表导出功能较为实用。

双击打开明细表视图，点击"橄榄山快图"选项卡，在"明细表工具"中，选择"Excel 打开"命令，软件则会自动将当前视图的明细表用 Excel 软件打开，如图 7-26 所示。

图 7-26　明细表

第8章 成果输出

8.1 创建图纸

单击视图选项卡中图纸组合面板上的"图纸"命令,如图8-1所示。

图8-1 图纸组合面板

在图纸对话框中,从列表中选择一个标题栏,如图8-2所示。若列表中更没有所需要标题栏族文件,可以单击"载入"命令,在软件默认的路径下选择所需标题栏族文件,创建图纸视图后,在项目浏览器中自动添加了"A101—未命名"图纸,如图8-3所示。

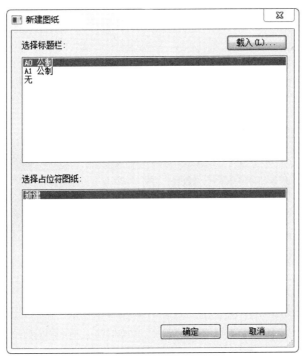

图8-2 标题栏族

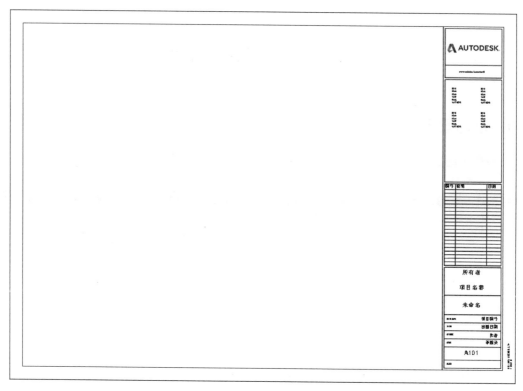

图 8-3　新建图纸

8.2　设置项目信息

单击"管理"选项卡下"设置"面板中的"项目信息"命令，如图 8-4 所示。

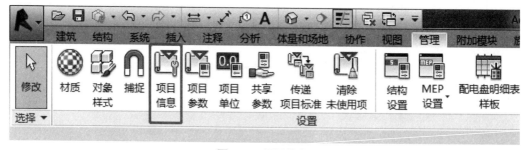

图 8-4　项目信息

在"项目属性"对话框中输入相关内容，如图 8-5 所示，输入完成后，单击"确定"。在"属性"对话框中修改图纸名称、绘图员等信息，如图 8-6 所示。

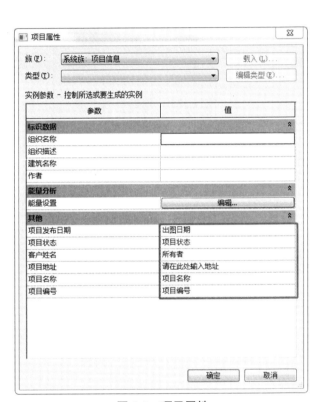

图 8-5　项目属性　　　　　　　　　　图 8-6　属性

8.3　布置视图

完成上述操作后，在项目浏览器中打开图纸选项对新建的图纸进行重命名。单击鼠标右键中的"重命名"选项，在弹出的"图纸标题"对话框中进行图纸的重命名。

双击图纸进入图纸视图，然后拖拽相应视图到图纸中。然后添加图名，修改视图比例，如图 8-7 所示。

在图纸中选择相应的视图并单击"修改 | 视口"面板上的"激活视图"。然后点击绘图区域左下方的视图控制栏比例，在弹出的对话框中选择适当的比例。选择比例完成后，在标题栏附近单击鼠标右键选择"取消激活视图"。

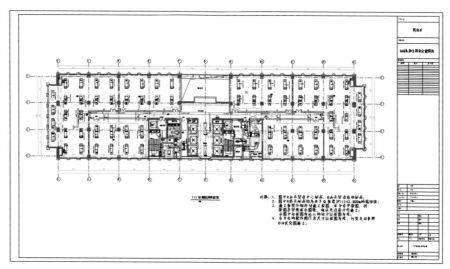

图 8-7　修改视图

8.4　打印

创建图纸后，单击"应用程序菜单"，选择"打印"右拉菜单中的"打印"按钮，如图 8-8 所示，弹出"打印"对话框，如图 8-9 所示。

图 8-8　应用程序菜单

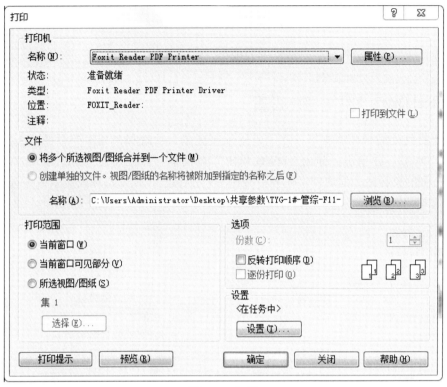

图 8-9 打印

在"名称"下拉菜单中选择可用的打印机名称。

单击"名称"后的"属性",弹出"打印机属性"对话框,如图 8-10 所示。在"打印机属性"面板中进行设置,包含"常规""布局"中的设置内容,如图 8-11 所示。

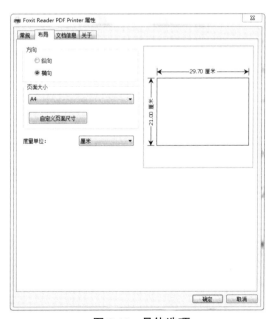

图 8-10 打印机属性   图 8-11 具体选项

确定打印范围，若要打印所选视图和图纸，则单击"选择"，然后选择要打印的视图和图纸，单击"确定"。

准备完成后单击"打印"对话框中的确定，完成打印。

8.5　导出 DWG 文件与导出设置

打开要到处的视图或图纸，在"应用程序菜单"中选择"导出"中的"CAD 格式"，在选择"DWG"并单击，弹出"DWG 导出"对话框，如图 8-12 所示。在"DWG 导出"对话框右侧的"导出"处选择"任务中的视图 / 图纸集"，在"按列表显示"处选择"模型中的图纸"。

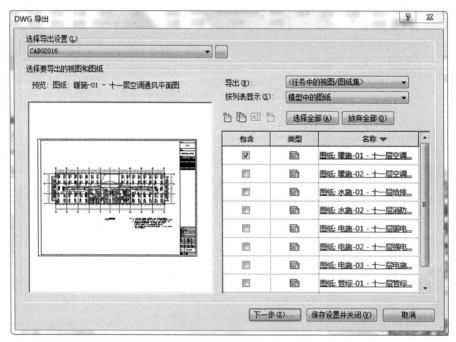

图 8-12　DWG 导出

单击"选择导出设置"后的 [⋯]，弹出"修改 DWG/DXF 导出设置"对话框，如图 8-13 所示，在对话框中进行相关修改，修改完成后单击"确定"。

选择导出的视图和图纸。若已经准备好导出，则单击"下一步"，否则单击"保存设置并关闭"。

单击"下一步"后，选择相应的保存路径、CAD 格式文件的版本，输入相应的文件名称。

单击"确定"完成 DWG 文件导出。

自定义导出设置的步骤

使用以下任一方法打开"修改 DWG/DXF 导出设置"对话框：

① 单击 ▶ "导出" ▶ "选项" ▶ （导出设置 DWG/DXF）。

② 单击 ![icon] ➤ "导出" ➤ "CAD 格式" ➤ ![DWG] (DWG) 或 ![DXF] (DXF)。在 "DWG (或 DXF) 导出" 对话框中的 "选择导出设置" 旁,单击 ... (修改导出设置)。

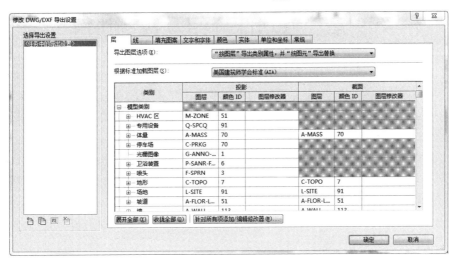

图 8-13　导出设置

"修改 DWG/DXF 导出设置" 对话框的左侧面板中列出了所有现有的导出设置。当前选定设置的设置显示在选项卡上。使用以下控件可以管理设置,如表 8-1 所示。

控件表　　　　　　　　　　　　　　　　　　　　　　　　　　　　表 8-1

![icon]	新建导出设置。使用默认设置
![icon]	复制导出设置。使用当前选定的设置中的设置,创建新设置
![icon]	重命名导出设置。提示您为当前选定的设置指定新名称
![icon]	删除导出设置。删除选定的设置(但默认的 <任务中的导出设置→ 无法删除)

在 "修改 DWG/DXF 导出设置" 对话框的 "选择导出设置" 中,选择要修改的设置,或单击 ![icon] (新建导出设置) 以新建一个。

根据需要在以下选项卡上指定导出选项

(1) 图层;

(2) 线;

(3) 填充图案;

(4) 文本和字体;

(5) 颜色;

(6) 实体;

(7) 单位和坐标;

(8) 常规。

第9章　族功能介绍及实例讲解

族，是 Revit 软件中的一个非常重要的构成要素。掌握族的概念和用法至关重要。

正是因为族概念的引入，我们才可以实现参数化的设计。比如在 Revit 中我们可以通过修改参数，来实现修改门窗设备族的尺寸及材质等。

也正是因为族的开放性和灵活性，使我们在设计时可以自由定制符合我们设计需求的注释符号和三维构件族等，从而满足了中国建筑师应用 Revit 软件的本地化标准定制的需求。所有添加到项目中的图元（从用于构成建筑模型的结构构件、墙、屋顶、窗和门到 MEP 模型中的管道、附件、风口、机械设备，再到用于记录该模型的详图索引、装置、标记和详图构件）都是使用族创建的。

通过使用预定义的族和在 Revit 中创建新族，可以将标准图元和自定义图元添加到模型中。通过族，还可以对用法和行为类似的图元进行某种级别的控制，以便轻松地修改设计和更高效地管理项目。本章主要介绍与"构件族"相关的基础知识。

9.1　族的使用

9.1.1　载入族

使用 Revit 进行项目设计，往往需要大量的族，Revit 提供多种将族载入到项目中的方法。

1）新建或打开一个项目文件，单击功能区中"插入"→"载入族"，弹出"载入族"对话框，如图 9-1 所示。可以单选和多选要载入的族，然后单击"打开"按钮，选择的族即被载入到项目中。

2）新建或打开一个项目文件，通过 Windows 的资源管理器直接将族文件（.rfa 文件）拖到项目的绘图区域，这个族文件即被载入到项目中。

3）打开项目文件后，再打开一个族文件（.rfa 文件），单击功能区中"创建"→"载入到项目中"，如图 9-2 所示，这个族即被载入到项目中。

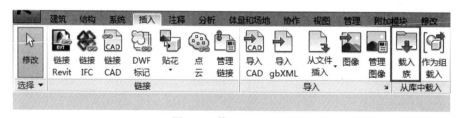

图 9-1　载入族（一）

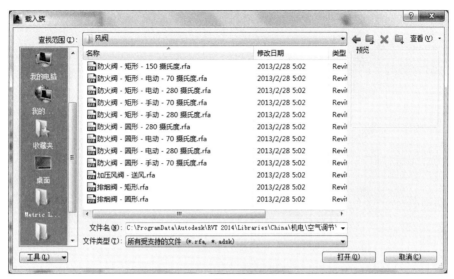

图 9-1　载入族（二）

图 9-2　载入到项目中

在项目文件中，通过单击项目浏览器中的"族"列表查看项目中所有的族。"族"列表按族类型分组显示，如"卫浴装置"族类别、"喷水装置"族类别等。

9.1.2　放置类型

可以通过以下两种方法在项目中放置族：

1）单击功能区中"系统"选项卡，在"HVAC"、"机械"、"卫浴和管道"及"电气"面板中选择一个族类别，如图 9-3 所示。例如单击"机械设备"，激活"修改 | 放置机械设备"选项卡，如图 9-4 所示，在左侧"属性"对话框的类型选择器中选择一个族的族类型，放置在绘图区域中。

2）在项目浏览器中，选择要放置的族，如风管附件，直接拖到绘图区域中进行绘制即可。

图 9-3　选择类别

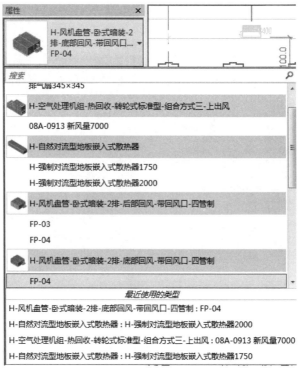

图 9-4　激活选项卡

9.2　编辑项目中的族和族类型

1．编辑项目中的族可以使用以下三种方法。

在项目浏览器中，选择要编辑的族名，然后单击鼠标右键，在弹出的快捷菜单中选择"编辑"命令，如图 9-5 所示，此操作将打开"族编辑器"。在"族编辑器"中编辑族文件。编辑完成后，将其重新载入到项目文件中，覆盖原来的族。

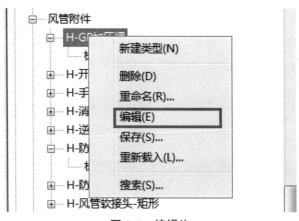

图 9-5　编辑族

在右键快捷菜单中还可以对族进行"新建类型""删除""重命名""保存""搜索"和"重新载入"的操作。如果族已放置在项目绘图区域中，可以单击该族，然后在功能区中单击"编辑族"，如图 9-6 所示，打开"族编辑器"。

图 9-6　族编辑器

但上述方法不能编辑系统族，比如风管、水管和电缆桥架等，不可以使用"族编辑器"编辑系统族，只能在项目中创建、修改和删除它的族类型。

2．编辑项目中的族类型可以使用以下两种方法。

在项目浏览器中，选择要编辑的族类型名，双击鼠标（或单击鼠标右键，在弹出的快捷键菜单中选择"类型属性"命令），弹出"类型属性"对话框，如图 9-7 所示。

图 9-7　类型属性

如果族已放置在项目绘图区域中，可以单击该族，然后在"属性"对话框中单击"编辑类型"，如图 9-7 所示，也将弹出"类型属性"对话框。

3．创建构件族

为了满足不同项目的需要，用户往往需要修改和新建构件族，掌握"族编辑器"的使用方法和技巧会帮助用户正确高效地修改和创建构件族，为项目设计打下坚实的基础。通常"族编辑器"创建构件族的基本步骤如下：

（1）选择族的样板。

（2）设置族类别和族参数。

（3）创建族的类型和参数。

（4）创建实体。

（5）设置可见性。

（6）添加族的连接件。

9.3 族的样板

单击 Revit MEP 的"应用程序菜单" 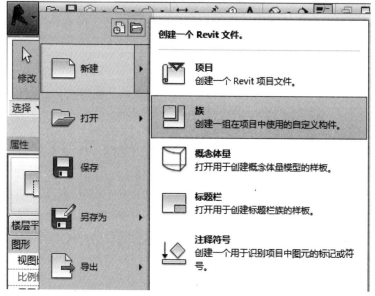 按钮→"新建"→"族"，选择一个 .rft 样板文件，如图 9-8 所示。使用不同的样板创建的族有不同的特点。

图 9-8 新建族

在机电族中，常用到的族样板有"公制常规模型""基于面的公制常规模型""基于墙的公制常规模型""基于天花板的公制常规模型""基于楼板的公制常规模型""基于屋顶的公制常规模型"等族样板文件。

1．公制常规模型 .rft

该族样板最常用，用它创建的族可以放置在项目的任何位置，不用依附于任何一个工作平面和实体表面。

2．基于面的公制常规模型 . rft

用该样板创建的族可以依附于任何工作平面和实体表面，但是它不能独立地放置到项目的绘图区域，必须依附于其他的实体。

3．基于墙、天花板、楼板和屋顶的公制常规模型 .rft

这些样板统称基于实体的族样板，用它们创建的族一定要依附在某一个实体表面上。例如，用"基于墙的公制常规模型 .rft"创建的族，在项目中它只能依附在墙这个实体上，不能腾空放置，也不能放在天花板、楼板和屋顶平面上。

4．基于线的公制常规模型 . rft

该样板用于创建详图族和模型族，与结构梁相似，这些族使用两次拾取放置。用它创建的族在使用上类似于画线或风管的效果。

5．公制轮廓族 . rft

该样板用于画轮廓，轮廓被广泛应用于族的建模中，比如放样命令。

6．常规注释 . rft

该样板用于创建注释族，用来注释标注图元的某些属性。和轮廓族一样，注释族也是二维族，在三维视图中是不可见的。

7．公制详图构件 . rft

该样板用于创建详图构件，建筑族使用的比较多，MEP 也可以使用，其创建及使用方法基本和注释族类似。

8．创建自己的样板族

Revit 提供了十分简便的族样板创建方法，只要将文件的扩展名 .rfa 改成 .rft，就能直接将一个族文件转变成一个样板文件。

9.4　族类别和族参数

9.4.1　族类别

在选择族的样板后，即可进入到"族编辑器"，如图 9-9 所示。

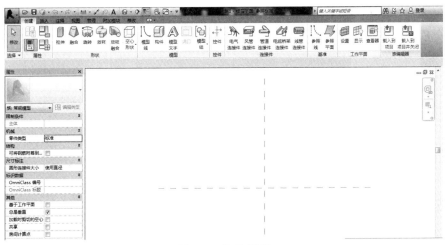

图 9-9　族编辑器

首先需要设置"族类别和族参数"。单击功能区中的"创建"选项卡→"族类别和族参数"，打开"族类别和族参数"对话框，如图 9-10 所示。

该对话框十分重要，它将决定族在项目中的工作特性。选择不同的"族类别"，会显示不同的"零件类型"和系统参数。

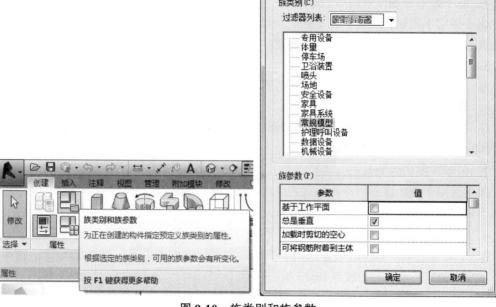

图 9-10 族类别和族参数

9.4.2 族参数

选择不同的"族类别"可能会有不同的"族参数"显示。这里以"常规模型"族类别为例，介绍其族参数的作用，如图 9-11 所示。

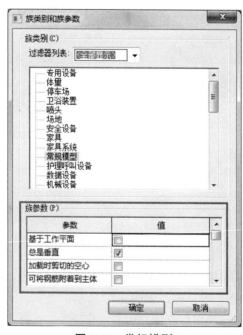

图 9-11 常规模型

"常规模型"族是一个通用族，不带有任何水、暖、电族的特性，它只有形体特征，以下是其中一些族参数的意义。

1．基于工作平面

若勾选了"基于工作平面"，即使选用了"公制常规模型 .rft"样板创建的族也只能放在一个工作平面或是实体表面，类似于选择了"基于面的公制常规模型 .rft"样板创建的族。对于 Revit MEP 的族，通常不勾选此项。

2．总是垂直

对于勾选了"基于工作平面"的族和基于面的公制常规模型创建的族，如果勾选了"总是垂直"，族将相对于水平面垂直；如果不勾选"总是垂直"，族将垂直于某个工作平面，如图 9-12 所示。

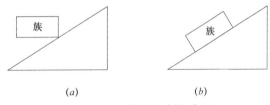

(a)　　　　　　　　　　　　(b)

图 9-12　"总是垂直"选项

3．共享

如果勾选了"共享"，当这个族作为嵌套族载入到另一个父族中，该父族被载入到项目中后，勾选了"共享"的嵌套族也能在项目中被单独调用，实现共享。默认不勾选。

4．OmniClass 编号 / 标题

这两项用来记录"OmniClass"标准。

5．零件类型

"零件类型"和"族类别"密切相关，下面介绍 Revit MEP 中常用的几种族类别及其部件类型的选择。MEP 常用的族类别和部件类型的适用情形如表 9-1 所示。

MEP 常用的族类别和部件类型的适用情形

表 9-1

族类	部件类型
风道末端、风管附件、风管管件、机械设备、管路附件、管件、卫浴装置、喷头	阻尼器、插入、T 形三通、Y 形三通、四通、多个端口、偏移量、弯头、接头 - 可调、接头 - 垂直、斜 T 形三通、斜四通、活接头、管帽、裤衩管、过渡件、标准、传感器、嵌入式传感器、收头、阀门 - 插入、阀门 - 法兰
通信设备、数据设备、电气设备、电气装置、火警设备、护理呼叫设备、安全设备、电话设备、灯具、照明设备	标准、设备开关、变压器、开关板、配电盘、开关、接线盒、其他配电盘
电缆桥架配件	槽式弯头、槽式垂直弯头、槽式四通、槽式 T 形三通、槽式过渡件、槽式活接头、槽式乙字弯、槽式多个端口、梯式弯头、梯式垂直弯头、梯式四通、梯式 T 形三通、梯式过渡件、梯式活接头、梯式乙字弯、梯式多个端口
线管配件	弯头、管帽、活接头、多个端口、T 形三通、四通、接线盒弯头

9.5 族类型和参数

当设置完族类别和族参数后，打开"族类型"对话框，对族类型和参数进行设置。单击功能区中的"常规"选项卡→"族类型"，打开"族类型"对话框，如图 9-13 所示。

图 9-13 族类型

9.5.1 新建族类型

"族类型"是在项目中用户可以看到的族的类型。一个族可以有多个类型，每个类型可以有不同的尺寸形状，并且可以分别调用。在"族类型"对话框中单击"新建"按钮可以添加新的族类型，对已有的族类型，可以进行"重命名"和"删除"操作。

9.5.2 添加参数

参数对于族十分重要，正是有了参数来传递信息，族才具有了强大的生命力。单击"族类型"对话框中的"添加"按钮，打开"参数属性"对话框，如图 9-14 所示。以下介绍一些常用设置。

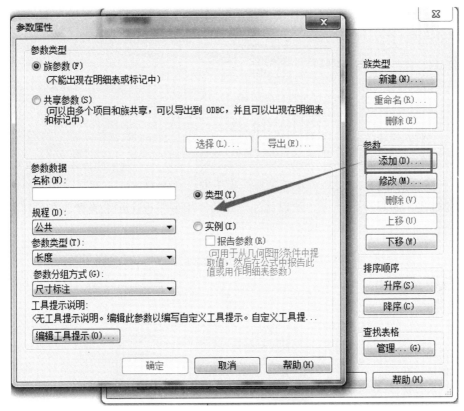

图 9-14　参数属性

1．参数类型

（1）族参数

参数类型为"族参数"的参数，载入项目文件后，不能出现在明细表或标记中。

（2）共享参数

参数类型为"共享参数"的参数，可以由多个项目和族共享，载入项目文件后，可以出现在明细表和标记中。如果使用"共享参数"，将在一个 TXT 文档中记录这个参数。

（3）系统参数

在 Revit 中还有一类参数，叫做"系统参数"，用户不能自行创建这类参数，也不能修改或删除它们的参数名。选择不同的"族类别"，在"族类型"对话框中会出现不同的"系统参数"。"系统参数"也可以出现在项目的明细表中。

2．参数数据

（1）名称

参数名称可以任意输入，但在同一个族内，参数名称不能相同。参数名称区分大小写。

（2）规程

有 5 种"规程"可选择，如表 9-2 所示。Revit MEP 最常用的"规程"有公共、HVAC、电气和管道。

"规程"及说明   表 9-2

	规程	说明
1	公共	可以用于任何族参数的定义
2	结构	用于结构族
3	HVAC	用于定义暖通族的参数
4	电气	用于定义电气族的参数
5	管道	用于定义管道族的参数

不同"规程"对应显示的"参数类型"也不同。在项目中，可按"规程"分组设置项目单位的格式，如图 9-15 所示，所以此处选择的"规程"也决定了族参数在项目中调用的单位格式。

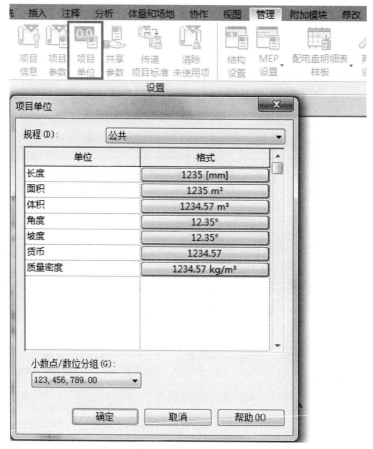

图 9-15　项目单位

3．参数类型

"参数类型"是参数最重要的特性，不同的"参数类型"有不同的特点和单位。以"公共"规程为例，其"参数类型"的说明如表 9-3 所示。

"参数类型"说明 表 9-3

	参数类型	说明
1	文字	可以随意输入字符,定义文字类型参数
2	整数	始终标识为整数的值
3	数值	用于各种数字数据,是实数
4	长度	用于建立图元或子构件的长度
5	面积	用于建立图元或子构件的面积
6	体积	用于建立图元或子构件的体积
7	角度	用于建立图元或子构件的角度
8	坡度	用于定义坡度的参数
9	货币	用于货币参数
10	URL	提供至用户定义的 URL 网络连接
11	材质	可在其中指定待定材质的参数
12	是 / 否	使用"是"或"否"定义参数,可与条件判断连用
13	<族类型 ...>	用于嵌套构件,不同的族类型可匹配不同的嵌套族

4. 参数分组方式

"参数分组方式"定义了参数的组别,其作用是使参数在"族类型"对话框中按组分类显示,方便用户查找参数。该定义对于参数的特性没有任何影响。

5. 类型 / 实例

用户可根据族的使用习惯选择"类型参数"或"实例参数",其说明如表 9-4 所示。

参数说明 表 9-4

	参数	说明
1	类型参数	如果有同一个族的多个相同的类型被载入到项目中,类型参数的值一旦被修改,所有的类型个体都会发生相应的变化
2	实例参数	如果有同一个族的多个相同的类型被载入到项目中,其中一个类型的实例参数的值一旦被修改,只有当前被修改的这个类型的实体会相应变化,该族的其他类型的这个实物参数的值仍然保持不变。在创建实例参数后,所创建的参数名后将自动架上"(默认)"两字

9.6 三维模型的创建

创建族三维模型最常用的命令是创建实体模型和空心模型,熟练掌握这些命令是创建族三维模型的基础。在创建时需遵循的原则是:任何实体模型和空心模型都尽量对齐并锁在参照平面上,通过在参照平面上标注尺寸来驱动实体的形状改变。

167

在功能区的"创建"选项卡中，提供了"拉伸""融合""旋转""放样""放样融合"和"空心形状"的建模命令，如图 9-16 所示。下面将分别介绍它们的特点和使用方法。

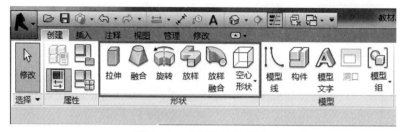

图 9-16   "创建"选项卡

9.6.1　拉伸

"拉伸"命令是通过绘制一个封闭的拉伸端面并给予一个拉伸高度来建模的，其使用方法如下：

（1）在绘图区域绘制 4 个参照平面，并在参照平面上标注尺寸，如图 9-17 所示。

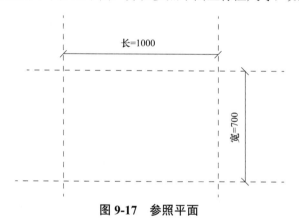

图 9-17　参照平面

（2）单击功能区中的"创建"选项卡→"拉伸"，出现"修改 | 创建拉伸"选项卡。选择用"矩形"方式在绘图区域绘制，绘制完后按 Esc 键退出绘制，如图 9-18 所示。

（3）单击"修改 | 创建拉伸"选项卡→"对齐"，将刚刚任意绘制的矩形和原先的 4 个参照平面对齐并锁上，如图 9-19 所示。

（4）单击"修改 | 创建拉伸"选项卡中的"完成"按钮，完成这个实体的创建。

（5）如果需要在高度方向上标注尺寸，用户可以在任何一个立面上绘制参照平面，然后将实体的顶面和底面分别锁在两个参照平面上，再在这两个参照平面之间标注尺寸，将尺寸匹配一个参数，这样就可以通过改变每个参数值来改变长方体的长、宽、高的形状了。对于创建完的任何实体，用户还可以重新编辑。单击想要编辑的实体，然后再单击"修改 | 拉伸"选项卡→"编辑拉伸"，进入编辑拉伸的界面。用户可以重新绘制拉伸的端面，完成修改后单击"完成"按钮，就可以保存修改，退出编辑拉伸的绘图界面了，如图 9-20 所示。

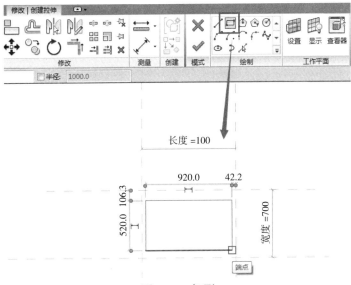

图 9-18　矩形

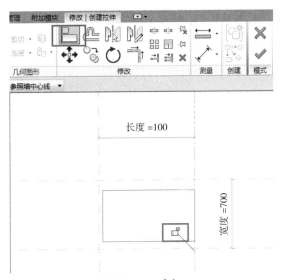

图 9-19　对齐

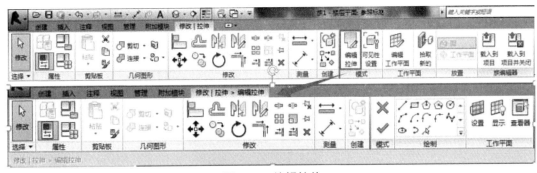

图 9-20　编辑拉伸

9.6.2 融合

"融合"命令可以将两个平行平面上的不同形状的端面进行融合建模，其使用方法如下：

（1）单击功能区中的"创建"选项卡→"融合"，默认进入"修改|创建融合底部边界"选项卡，如图 9-21 所示。这时可以绘制底部的融合面形状，绘制一个圆。

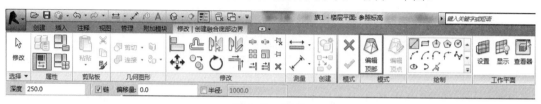

图 9-21　融合

（2）单击"编辑顶部"按钮，切换到顶部融合面的绘制，绘制一个矩形。

（3）底部和顶部都绘制完后，通过单击"编辑顶点"按钮可以编辑各个顶点的融合关系，如图 9-22 所示。

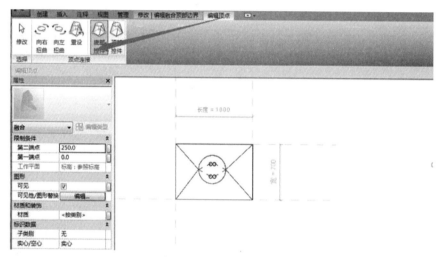

图 9-22　"编辑顶点"按钮

（4）单击"修改|编辑融合顶部边界"选项卡中的"完成"按钮，完成融合建模，如图 9-23 所示。

图 9-23　完成融合建模

9.6.3　旋转

"旋转"命令可创建围绕一根轴旋转而成的几何图形。可以绕一根轴旋转 360°，也可以只旋转 180° 或任意角度，其使用方法如下：

（1）单击功能区中的"创建"选项卡→"旋转"，出现"修改 | 创建旋转"选项卡，默认先绘制"边界线"。可以绘制任何形状，但是边界必须是闭合的，如图 9-24 所示。

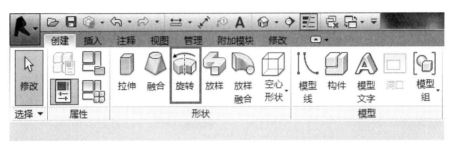

图 9-24　边界线

（2）单击选项卡中的"轴线"按钮，在中心的参照平面上绘制一条竖直的轴线，如图 9-25 所示。用户可以绘制轴线，也可以选择已有的直线作为轴线。

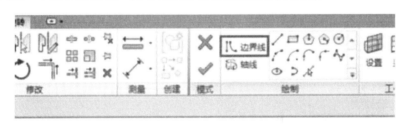

图 9-25　轴线

（3）完成边界线和轴线的绘制后，单击"完成"按钮，完成旋转建模。可以切换到三维视图查看建模的效果，如图 9-26 所示。

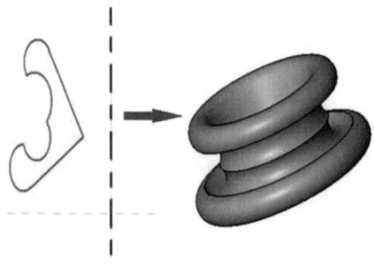

图 9-26　三维视图

用户还可以对已有的旋转实体进行编辑。单击创建好的选择实体，在"属性"对话框中，将"起始角度"修改成 60°，将"结束角度"修改成 180°，这样这个实体只旋转了三分之一个圆，如图 9-27 所示。

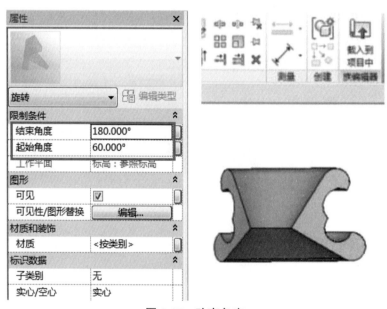

图 9-27　改变角度

9.6.4　放样

"放样"是用于创建需要绘制或应用轮廓（形状）并沿路径拉伸此轮廓的族的一种建模方式，其使用方法如下：

（1）在楼层平面视图的"参照标高"工作平面上画一条参照线。通常可以选用参照线的方式来作为放样的路径，如图 9-28 所示。

（2）单击功能区中的"创建"选项卡→"放样"，进入放样绘制界面。用户可以使用选项卡中的"绘制路径"命令画出路径，也可以单击"拾取路径"按钮，通过选择的方式来定义放样路径。单击"拾取路径"按钮，选择刚刚绘制的参照线。单击"完成"按钮，完成路径绘制，如图 9-29 所示。

图 9-28　参照线

图 9-29　拾取路径

（3）单击选项卡中的"编辑轮廓"按钮，这时会出现"转到视图"对话框，如图 9-30 所示，选择"立面：右"，单击"打开视图"按钮，在右立面视图上绘制轮廓线，任意绘制一个封闭的六边形。

图 9-30　"转到视图"对话框

（4）单击"完成"按钮，完成轮廓绘制，如图 9-31 所示，并退出"编辑轮廓"模式。

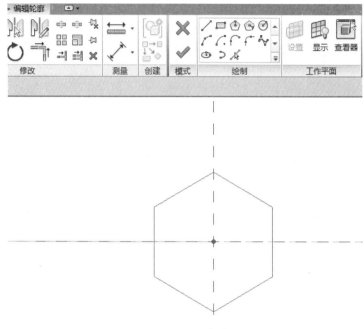

图 9-31　六边形

（5）单击"修改 | 放样"选项卡中的"完成"按钮，完成放样建模，如图 9-32 所示。

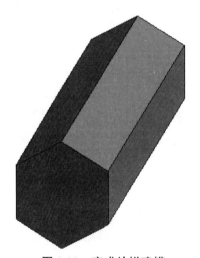

图 9-32　完成放样建模

9.6.5　放样融合

使用"放样融合"命令，可以创建具有两个不同轮廓的融合体，然后沿路径对其进行放样。它的使用方法和放样大体一样，只是要选择两个轮廓面。如果在放样融合时选择轮廓族作为放样轮廓，这时选择已经创建好的放样融合实体，打开"属性"对话框，通过更改"轮廓 1"和"轮廓 2"中间的"水平轮廓偏移"和"垂直轮廓偏移"来调整轮廓和放样中心线的偏移量，可实现"偏心放样融合"的效果，如图 9-33 所示。如果直接在族中绘制轮廓的话，就不能应用这个功能了。

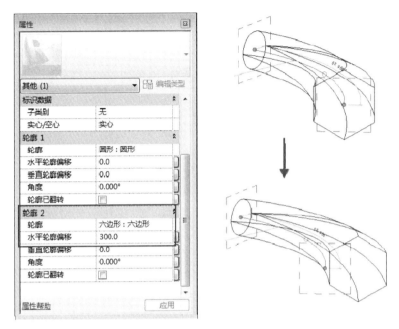

图 9-33　偏心放样融合

9.6.6　空心模型

空心模型创建的方法有以下两种：

单击功能区中的"创建"选项卡→"空心形状"，如图 9-34 所示，在其下拉列表中选择命令，各命令的使用方法和对应的实体模型各命令的使用方法基本相同。

图 9-34　选择"空心形状"

实体和空心相互交换。选中实体，在"属性"对话框中将实体转变成空心，如图 9-35 所示。

图 9-35　实体和空心相互交换

9.7　二维族的修改和创建

Revit MEP 除了三维的构件族外，还有一些二维的构件族。这些构件族可以单独使用，也可以作为嵌套族在三维的构件族中使用。轮廓族、详图构件族、注释族是 Revit MEP 中常用的二维族，它们有各自的创建样板。这些族只能在"楼层平面"视图的"参照标高"工作平面上绘制，它们主要用于辅助建模和控制显示。

轮廓族用于绘制轮廓截面，在放样、放样融合等建模时作为放样界面使用。用轮廓族辅助建模，可以使建模更加简单，用户可以通过替换轮廓族随时改变实体的形状。详图构件族和注释族主要用于绘制详图和注释，在项目环境中，它们主要用于平面俯视图的显示控制，不同的是详图构件不会随视图比例的变化而改变大小，注释族会随视图比例的变化自动缩放显示，详图构件族可以附着在任何一个平面上，但是注释族只能附着在"楼层平面"视图的"参照标高"工作平面上。

9.7.1　轮廓族

创建轮廓族时所绘制的是二维封闭图形。该图形可以载入到相关的族或项目中进行建模或其他应用。需要注意的是，只有"放样"和"放样融合"才能用轮廓族辅助建模，其应用实例上文中有介绍。

9.7.2　注释族和详图构件族

1．注释族

注释族时用来表示二维注释的族文件，它被广泛运用于很多构件的二维视图表现。下面以一个实例来说明注释族的应用。

（1）注释族创建实例

用"常规注释 .rft"族样板创建一个注释族，在"族类别和族参数"对话框中选择"风管标记"族类别，保存为"风管宽度 .rfa"。

分别添加一条水平和垂直的参照线，并且在族样板中的参照平面标注上尺寸，长为"25"，宽为"10"，如图 9-36 所示。

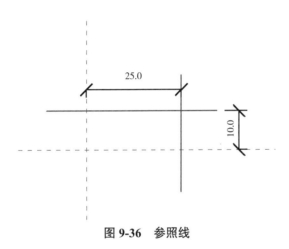

图 9-36　参照线

单击功能区中的"创建"选项卡→"直线"，画一个矩形，分别和两个参照平面及两条参照线对齐锁住，如图 9-37 所示。

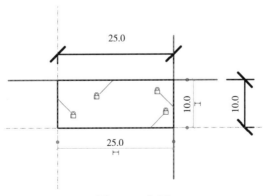

图 9-37　矩形

单击功能区中的"创建"选项卡→"标签"，如图 9-38 所示。单击刚刚绘制的矩形的中间区域，打开"编辑标签"对话框。

图 9-38　标签

在"类别参数"列表框中选择"宽度",然后单击按钮,将"宽度"参数添加到"标签参数"中,再单击"确定"按钮,如图 9-39 所示。

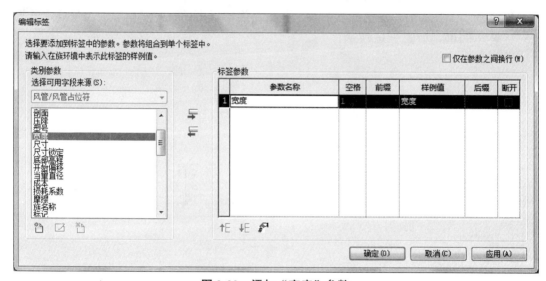

图 9-39　添加"宽度"参数

在绘图区域就出现了"宽度"字样,如图 9-40 所示,通过"移动"命令将"宽度"字样移动到合适的位置,并保存文件。

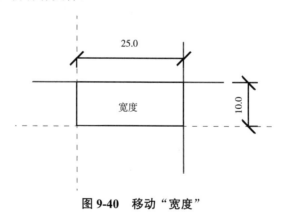

图 9-40　移动"宽度"

用"机械样板"项目样板新建一个项目文件,单击功能区中的"创建"选项卡→"风管",在绘图区域任意画一条风管。

将刚创建的"风管宽度.rfa"族载入到项目中。单击浏览器项目中的"族"→"注释符号"→"风管宽度"族类型，拖动到风管上，则风管的宽度将自动显示在注释中，如图 9-41 所示。

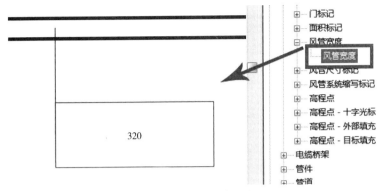

图 9-41　风管宽度

（2）填充区域

在注释族中还有两个比较特殊的命令："填充区域"和"遮罩区域"。首先介绍"填充区域"命令的使用方法。

用"常规注释 .rft"族样板创建一个注释族。单击功能区中的"创建"选项卡→"详图"→"填充区域"，选择矩形绘图方式，在绘图区域任意绘制一个矩形，绘制完后单击"完成"按钮，如图 9-42 所示。

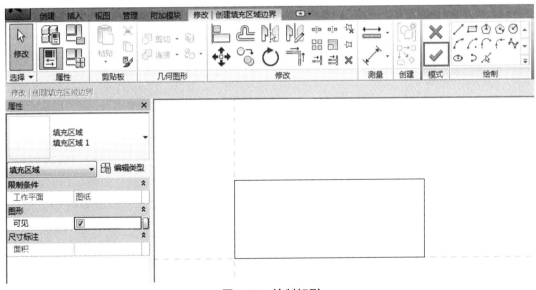

图 9-42　绘制矩形

单击刚绘制的矩形，在"属性"对话框中单击"编辑类型"按钮，打开"类型属性"对话框，单击"截面填充样式"参数最右边的"关联族参数"按钮，打开"填充样式"对话框，选择"交叉线"样式，单击"确定"按钮，如图 9-43 所示，这样就重新制定了填充样式。

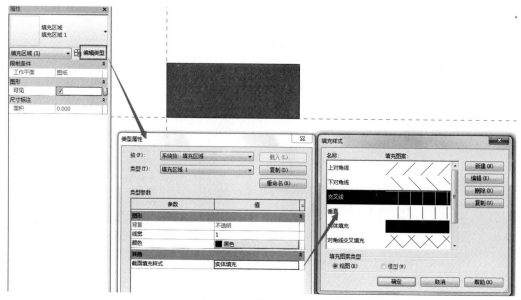

图 9-43　重新制定填充样式

"填充样式"中的填充图案也可以修改。其方法是单击功能区中的"管理"选项卡→"其他设置"→"填充样式",如图 9-44 所示。

图 9-44　修改填充图案

在打开的"填充样式"对话框中选择"上对角线"样式,单击"编辑"按钮,打开"修改填充图案属性"对话框,如图 9-45 所示,可以修改填充的角度、间距等属性。

（3）遮罩区域

"遮罩区域"命令和"填充区域"命令的使用方法基本相同,只是"遮罩区域"命令没有填充图案。用"遮罩区域"命令绘制一个遮罩区域,当有遮罩区域的注释族载入到项目中后,在遮罩区域下面的图形不可见。"填充区域"和"遮罩区域"必须是封闭图形。

2. 详图构件族

详图构件族是用"公制详图构件 .rft"族样板创建的族。详图构件族主要用来绘制详图,其特征和创建方式与注释族几乎一样。详图构件族也可载入到其他族中嵌套使用,通过可见性设置来控制其显示。但是详图构件族载入到项目中后,其显示大小固定,不会随着项目的显示比例而改变。

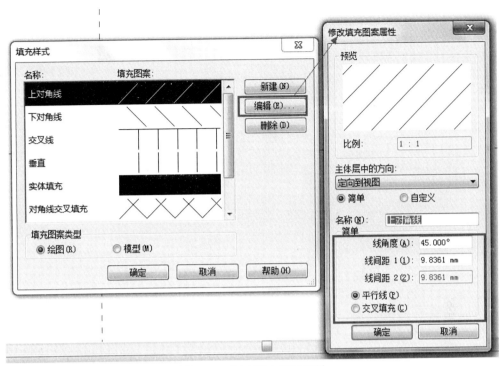

图 9-45　修改填充图案属性

9.8　MEP 族连接件

在 Revit MEP 项目文件中，系统的逻辑关系和数据信息通过构件族的连接件传递，连接件作为 Revit MEP 构件族区别于其他 Revit 产品构件族的重要特性之一，也是 Revit MEP 构件族的精华所在。

9.8.1　连接件放置

Revit MEP 共支持 5 种连接件：电气连接件、风管连接件、管道连接件、电缆桥架连接件、线管连接件。单击"创建"选项卡，在"连接件"面板中选择所要添加的连接件，如图 9-46 所示。

图 9-46　"连接件"面板

下面以添加风管连接件为例，具体步骤如下。

（1）单击"创建"选项卡→"风管连接件"，进入"修改 | 放置风管连接件"选项卡。

（2）选择将连接件"放置"在"面"上或"工作平面"上。通过鼠标拾取实体的一个面，将连接件附着在面的中心，如图 9-47 所示。

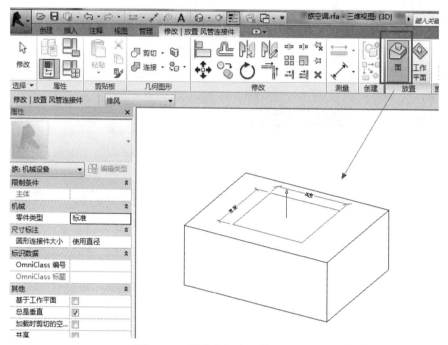

图 9-47　附着在面中心的连接件

工作平面：将连接件附着在一个工作平面的中心，工作平面可以是通过鼠标拾取的实体的一个面，也可以是一个参照平面。

9.8.2　连接件设置

布置连接件后，通过"属性"对话框设置连接件。本节将分别介绍风管连接件、管道连接件、电气连接件、电缆桥架连接件、线管连接件的设置。

1. 风管连接件

单击绘图区域中的风管连接件，打开"属性"对话框，设置风管连接件，如图 9-48 所示。连接件"属性"对话框各项设置含义如下。

（1）系统分类：Revit MEP 风管连接件支持 6 种系统类型，分别是送风、回风、排风、其他、管件、全局。根据需求通过下拉列表为连接件指定系统。Revit MEP 不支持新风系统类型，也不支持用户自定义添加新的系统分类。

（2）流向：定义流体通过连接件的方向。当流体通过连接件流进构件族时，流向为"进"；当流体通过连接件流出构件族时，流向为"出"；当流向不明确时，流向为"双向"。

（3）尺寸造型：定义连接件形状。对于风管连接件，有 3 种形状可以选择，分别是矩形、圆形、椭圆形。选择矩形或者椭圆形时，需要分别对连接件的宽度和高度进行定义；选择圆形时，需要对连接件的半径进行定义。定义连接件尺寸时，可以直接输入数值或者与"族类型"对话框中定义的尺寸参数相关联。连接件"属性"对话框中的选项,如果能够使用按钮,代表该选项可以直接输入数值或者与"族类型"对话框中定义的相关参数相关联,如图 9-49 所示。

图 9-48　设置风管连接件　　　　　　图 9-49　定义连接件尺寸

2. 管道连接件

单击绘图区域中的管道连接件,打开"属性"对话框,设置管道连接件,如图 9-50 所示。

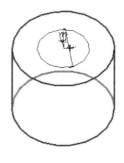

图 9-50　设置管道连接件

连接件"属性"对话框各项设置含义如下。

（1）系统分类：Revit MEP 2016管道连接件支持13种系统类型，分别是循环供水、循环回水、卫生设备、通气管、家用热水、家用冷水、湿式消防系统、干式消防系统、预作用消防系统、其他消防系统、其他、管件、全局。根据需求通过下拉列表为连接件指定系统，Revit MEP 2016不支持用户自定义添加新的系统类型。

（2）流向：定义流体通过连接件的方向。当流体通过连接件流进构件族时，流向为"进"。当流体通过连接件流出构件族时，流向为"出"；当流向不明确时，流向为"双向"。

（3）直径：定义连接件接管尺寸。可以直接输入数值或者与"族类型"对话框中定义的尺寸参数相关联。

3. 电气连接件

Revit MEP 2016电气连接件支持9种系统类型：电力-平衡、电力-不平衡、数据、电话、安全、火警、护士呼叫、控制、通信。电力-平衡和电力-不平衡主要用于配电系统。数据、电话、安全、火警、护士呼叫、通信和控制连接件主要应用于弱电系统。比如，控制连接件可用于控制开关及大型的机械设备远程控制。

（1）配电系统连接件

电力-平衡和电力-不平衡连接件主要用于配电系统。这两种系统的区别在于相位1、2、3上的"视在负荷"是否相等，相等为电力-平衡系统，不等则为电力-不平衡系统，如图9-51所示。

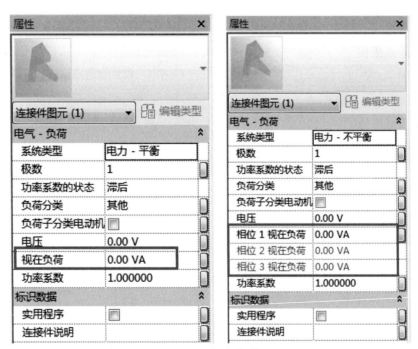

图9-51　视在负荷

电力-平衡和电力-不平衡连接件的"属性"对话框各项设置含义如下。

1）功率系数：又称功率因数，负荷电压与电流间相位差的余弦值的绝对值，取值范围为 0~1，默认值为"1"。

2）功率系数的状态：提供两种选项，分别是滞后和超前，默认值为"滞后"。

3）极数、电压和视在负荷：表征用电设备所需配电系统的级数、电压和视在负荷。

4）负荷分类和负荷子分类电动机：主要用于配电盘明细表 / 空间中负荷的分类和计算。

（2）弱电系统连接件

数据、电话、安全、火警、护士呼叫、通信和控制连接件，主要应用于建筑弱电系统，弱点连接件的设置相对简单，只需在"属性"对话框中选择系统类型即可，如系统类型为"数据"，如图 9-52 所示。

图 9-52　选择系统类型

4. 电缆桥架连接件

电缆桥架连接件主要用于连接电缆桥架。"属性"对话框如图 9-53 所示。

图 9-53　"属性"对话框

（1）高度、宽度：定义连接件尺寸。可以直接输入数值或者与"族类型"对话框中定义的尺寸参数相关联。

（2）角度：定义连接件的倾斜角度，默认值为"0.000°"，当连接件无角度倾斜时，可以不设置该项。当连接件有倾斜时，可以直接输入数值或者与"族类型"对话框中定义的角度参数相关联，如弯头等配件族。

5．线管连接件

线管连接件分为两种类型：单个连接件和表面连接件。添加线管连接件时，首先选择添加"单个连接件"还是添加"表面连接件"，如图 9-54 所示。

图 9-54　选择类型

（1）单个连接件：通过连接件可以连接一根线管。

（2）表面连接件：在连接件附着表面的任何位置连接一根或多根线管。

线管连接件"属性"对话框如图 9-55 所示，各项设置含义如下。

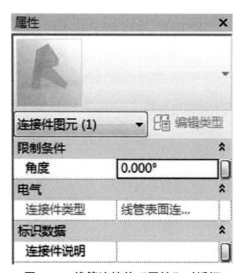

图 9-55　线管连接件"属性"对话框

（3）半径：定义连接件尺寸，可以直接输入数值或者与"族类型"对话框中定义的尺寸参数相关联。

（4）角度：定义连接件的倾斜角度默认值为"0.000°"。当连接件无角度倾斜时，可以不设置该项；当连接件有倾斜时，可以直接输入数值或者与"族类型"对话框中定义的角度参数相关联，如弯头等配件族。

第 10 章　BIM 信息对运维的价值

10.1　整合 BIM 和 FM 的价值

随着建设项目的功能越来越复杂，项目建成之后在运营和维护阶段对信息和数据的依赖性也越来越高。因此，在项目设计阶段就应该考虑运营和维护阶段的信息需求，并开始相应的准备工作。然而，在大部分情况下，项目结束后，业主才会收到由厂家提供的设备说明书和使用手册、与已投入使用的设备维护记录等资料。这些资料无论是电子版还是纸质版资料，通常都会被存放于档案室，以备有需要的时候查询。这种管理信息的模式，在需要寻找某一个特定的数据的时候，存在很大的执行难度。

设施管理设计的内容非常广泛，主要包括对人、过程、地点的管理。楼宇运营维护阶段和 BIM 技术密切相关，设施管理主要包括四个方面：第一，用于结合计算机辅助维护系统实现对楼宇各种服务系统和设备的维护水平；第二，用于结合计算机辅助设施管理系统提升楼宇空间和人员的管理水平；第三，有效支持紧急事件处理和灾难应对；第四，结合能耗分析系统，对楼宇运行期间能耗水平进行检测和优化管理。

整合 BIM 和 FM 后最显著和最直接的效益是将 BIM 中获得的信息和数据直接导入下游 FM 应用中，避免二次输入所需的人工和时间。能够从 BIM 中提取的信息包括空间几何信息、功能空间定义、设备的类型、设备系统构成等。这种数据和信息的自动衔接，不但可以节省录入成本，同时可以避免人工输入产生的录入错误，从而保证 FM 系统中数据的质量。设计阶段的模型传递到施工阶段后，总承包商和不同专业的分包商继续在此模型基础上添加其安装的设备和系统的各种信息，比如安装时间、生产厂商、产品序列号、保修期限、测试报告等，供运营和维护阶段使用。

为了在 BIM 模型和不同设施管理系统或平台间有效进行数据衔接，必须存在一个行业认可的设施管理数据标准。按照这个标准在设计阶段建立的模型才能将模型中的数据有效提取，供下游的设施管理软件使用，同时按照这个数据标准建立的设计模型才有可能遵循同样的标准，在设计模型的基础上添加施工阶段的产生的各种运维所需要的信息。

10.2　可视化空间管理

BIM 技术在可视化方面的能力是毋庸置疑的，特别是随着时间推移把同一空间的不同景象进行显示的 3D 能力，能协助建设项目的各参建方在时间、进度、成本、质量等问题进行高效沟通。对运营维护阶段的空间管理，在 BIM 技术的支持下，可以展示真实的 3D 空间以及空间的各个系统和设备。遵循合理建模方法的模型，还可以展示隐蔽结构的空间关系，比如吊顶内部的管线、竖向管井内的结构、室外地面下预埋的各种系统等。

10.3　快速便捷的获取数据和信息

BIM 和 FM 的整合根本上是将设计阶段和施工阶段产生的数据和信息与设施管理平台进行整合。在没有 BIM 技术的时代，FM 所需的数据是靠人工输入到设施管理平台中的。这种手工录入数据的方式效率非常低，因此只能在有限的人力和时间内，输入 FM 管理系统所必需的信息，而更多的信息还要依靠传统的物理存储方式。比如，大量设备的安装测试报告和使用说明书，它们或以纸质版形式存在资料室，或以数字文件格式存在于某个文件夹内，不能和 FM 系统中的设备进行有效关联，导致不能快速提取这些数据和信息。相反，当 BIM 模型和 FM 系统整合后，操作人员可以通过点击模型中的各个构件或设备，快速获取相关对象的各种数据信息。

BIM 技术可以通过各种传感器获得运行中设备的运行状态，并将这些数据实时显示在 FM 管理系统中。BIM 模型与实施数据的整合不仅可以为运行中各系统的分析提供直观的反馈，更重要的是提供了一种静态 BIM 模型和动态运行数据的结合平台，为更多的智能化服务提供实用的数据接口。